Axel Bojanowski
Nach zwei Tagen Regen folgt Montag

Axel Bojanowski

Nach zwei Tagen Regen folgt Montag und andere

rätselhafte Phänomene

des Planeten Erde

Deutsche Verlags-Anstalt

Die Grafiken im Innenteil wurden gezeichnet von Peter Palm, Berlin,
nach Vorlage von: *Science* (S. 35), Helmholtz-Zentrum Potsdam,
GF2, Sektion 2.6, G. Grünthal (S. 116) und Universität Köln (S. 135).
Die Tabellen in Kapitel 33 wurden erstellt nach Vorlage von: Institut
für Wetter- und Klimakommunikation IWK, mit Ausnahme von S. 185:
Peter Wolf, Deutscher Wetterdienst, Regionales Klimabüro, Essen.

Das für dieses Buch verwendete FSC®-zertifizierte Papier
Munken Premium Cream liefert Arctic Paper Munkedals AB, Schweden.

1. Auflage
Copyright © 2012 Deutsche Verlags-Anstalt, München,
in der Verlagsgruppe Random House GmbH
und SPIEGEL-Verlag, Hamburg
Alle Rechte vorbehalten
Lektorat: Juliane Müller
Typografie und Satz: DVA/Brigitte Müller
Gesetzt aus der Minion
Druck und Bindung: GGP Media GmbH, Pößneck
Printed in Germany
ISBN 978-3-421-04534-8

www.dva.de

Meiner geliebten Ulli gewidmet

»Geologen, in ihrem beinahe geschlossenen Gespräch, bewohnen Schauplätze, die niemand je gesehen hat, Schauplätze der weltweiten Flüchtigkeit, gekommen und vergangen, mit Meeren, Bergen, Flüssen und Archipelen von schmerzender Schönheit, die sich mit vulkanischer Gewalt erheben, um sich friedlich niederzulassen und schließlich zu verschwinden – fast zu verschwinden.«

John McPhee

Inhalt

	Vorwort	11
1	Frostbomben aus heiterem Himmel	15
2	Das Geheimnis der Eiskreise	19
3	Nach zwei Tagen Regen folgt Montag	23
4	Wie das Klima Geschichte macht	27
5	Eis-Hurrikane im Nordmeer	37
6	Das Rätsel der Meereskälte	40
7	Megawasserfälle im Atlantik	44
8	Riesiger Wasserhügel im Pazifik	49
9	Inseln der Fantasie	52
10	Wie Phoenix aus den Fluten	56
11	Algen lassen Wolken sprießen	61
12	Die Sahara überm Ozean	65
13	Die Abgase von Delphi	68
14	Überall Atlantis	73
15	Das Geheimnis der streunenden Felsen	78
16	Schüsse aus dem Nebel	85
17	Tagebuch der Urzeit	89
18	Deutschland wiegt 28 000 000 000 000 000 Tonnen	94
19	Die Entdeckung der Norddrift	98
20	Vollmond. Vollmond. Beben?	102

21	Das Wunder von Haicheng	107
22	Rums am Rhein	113
23	Beben ist menschlich	119
24	Als der Berg in den See fiel	124
25	Europas Urkatastrophe	129
26	Magma unter Deutschland	133
27	Nadelstiche ins Höllenfeuer	138
28	Die größte Krise der Menschheit	143
29	Afrika bricht entzwei	147
30	Die Schicksalslinie der Menschheit	152
31	Flammenalarm unter der Erde	157
32	Climategate: Heißer Kampf ums Klima	163
33	Das wahre Klima	177
	A. Deutschland	178
	B. Schweiz	199
	C. Österreich	202

Literatur 205

Dank 222

Vorwort

Jeder kennt das andächtige Staunen von Touristen vor hohen Wasserfällen, Schluchten oder anderen Natursensationen. Oft fehlen ihnen die Worte, die Sehenswürdigkeiten zu deuten. Geoforscher könnten die Naturwunder begreifbar machen, den Touristen erläutern, was es zu sehen gibt. Doch seltsam: Wenn Wissenschaftler über die Natur reden, wird bei Zuhörern aus Sehen und Staunen oft Gaffen und Gähnen.

Ich erinnere mich zum Beispiel, wie ein Geologieprofessor an der San-Andreas-Erdspalte in Kalifornien versuchte, eine Reisegruppe zu begeistern. Die San-Andreas-Verwerfung prägt seit Langem die menschliche Geschichte – ähnlich der berühmten Totes-Meer-Verwerfung im Nahen Osten (Kapitel 30). Erwartungsvoll hatten sich etwa zwei Dutzend Touristen im Halbkreis um den renommierten Wissenschaftler gruppiert, als er seinen Vortrag begann. Er mühte sich um verständliche Begriffe: »Vor Jahrmillionen begannen tektonische Aktivitäten in dieser Region in Zusammenhang mit magmatischen Prozessen die Erdkruste auszudünnen.«

Bereits nach diesem ersten Satz verkleinerten sich die Augen der meisten Zuhörer. Nach fünf Minuten schweiften ihre Blicke in die Landschaft, auf der Suche nach Interessanterem. Bald freuten sie sich nur noch auf eines, nämlich auf das nächste Picknick. »Leben heißt Leiden, sagte Buddha«, flüsterte ein

Teilnehmer lakonisch. »Wenn man hier zuhört, weiß man, was der Mann meinte.« Wie ist es möglich, dass viele Menschen sich zwar für die Natur begeistern, sich aber meist gelangweilt abwenden, sobald ihnen darüber berichtet wird? Wissenschaftler schwärmen selten von ihrer Arbeit. Dabei hätten zumindest Geoforscher allen Grund dazu: Sie entdecken spektakuläre Landschaften mit bizarren Urzeitwesen, die längst untergegangen sind (Kapitel 17). Sie sind die einzigen Menschen, die Riesenwasserfällen im Ozean auf der Spur sind (Kapitel 7). Sie verfolgen Felsen, die wie von Geisterhand bewegt durch die Wüste streunen (Kapitel 15). Oder sie haben das Orakel von Delphi entschlüsselt (Kapitel 13).

Doch allzu oft verlieren sich Wissenschaftler mit ihrer Liebe zur Verklausulierung in einer Art Erhabenheitskitsch – Unverständlichkeit wird mit Klugheit gleichgesetzt. Der Chemie-Nobelpreisträger Irving Langmuir bezweifelte gar die Glaubwürdigkeit von Wissenschaftlerkollegen, die ihre Ergebnisse nicht verständlich erklärten: »Wer es nicht schafft, seine Arbeit einem 40-Jährigen zu erläutern, ist ein Scharlatan«, mahnte er. Aus Sicht von Außenstehenden gleichen Forscher mitunter einem exotischen Bergvolk, das einen lustigen Dialekt spricht.

Für interne Debatten haben Fachbegriffe, Formeln und Zahlen natürlich eine wichtige Funktion, sie sollen sicherstellen, dass die Arbeiten präzise dokumentiert und exakt nachvollziehbar sind. Jedoch verstellen die Wortungetüme oftmals den Blick auf die Schönheit der Dinge, die sie beschreiben. Wer soll beispielsweise ahnen, dass sich hinter der Überschrift »A record-high ocean bottom pressure in the South Pacific observed by GRACE« die Entdeckung einer riesigen Wasserbeule im Pazifik verbirgt (Kapitel 8)? Dass eine Studie namens »An updated climatology of surface dimethlysulfide concentrations and emission fluxes in the global ocean« davon erzählt, dass Meeresalgen hoch oben in der Atmosphäre Wolken sprießen lassen, die Schatten spenden, wenn es ihnen im Wasser zu warm wird (Kapitel 11)? Oder dass das Papier »Comparison of dike intrusions in an incipient seafloor-spreading segment in Afar, Ethiopia: Seismicity perspectives« davon berichtet, dass der afrikanische Kontinent von Vulkanausbrüchen und Erdbeben zerrissen wird (Kapitel 29)? Die Fachsprache verbirgt das Interessante wie eine dicke Erdschicht eine Goldader.

In jeder Universität, jedem Forschungsinstitut, ja im Grunde in jedem Labor verstecken sich ähnlich erstaunliche Geschichten. Man sollte annehmen, dass die Medien voll wären von solchen Storys. Das sind sie nicht, denn auch Journalisten tappen gern in die Erhabenheitsfalle. In Redaktionen hält sich eine kuriose Rechtfertigung für komplizierte Texte: Der Leser verlange nach kniffliger Sprache, um eine Herausforderung meistern zu können – komplizierte Sprache markiere den Unterschied zu Boulevardmedien, heißt es oft. Ein Vorteil dieser Haltung ist, dass man sich damit erfolgreich durch Verständnislücken mogeln kann.

An manchen Wissenschaftsgebieten kann die Öffentlichkeit schon seit Längerem Anteil nehmen: Es gibt bewundernswert unterhaltsame Bücher über Astronomie, Medizin oder Psychologie, vor allem in Großbritannien und den USA. Geowissenschaften jedoch spielen eine Nebenrolle, sie besitzen in den Massenmedien in etwa den gleichen Stellenwert wie Turmspringen in Sportsendungen – sie gelten oft als Skurrilitäten, die auf den hinteren Seiten stattfinden, falls gerade keine »bunten Meldungen« über eine Königsfamilie oder Ähnliches zu vermelden sind.

Wissenschaftler sind meist überrascht, wenn sie hören, dass die eigentliche Arbeit erst richtig losgeht, wenn die Studien verstanden sind. Dann müssen die Schichten aus Wort- und Zahlengerümpel abgetragen werden, damit die Goldadern der Forschung freiliegen und tatsächlich auch durchscheinen. Für dieses Buch – *Nach zwei Tagen Regen folgt Montag* – habe ich Geschichten aus der Geoforschung geschrieben; unglaubliche, mysteriöse, haarsträubende, witzige und spannende Geschichten. Los geht es mit einem Fall, der nicht nur Wissenschaftler, sondern auch Polizisten beschäftigt. Es geht um Bomben aus Eis, die vom Himmel fallen. Vom blauen Himmel. Jeder Einschlag verwirrt aufs Neue: Die Eisklötze kommen nicht aus dem All, nicht von Attentätern und nicht aus Flugzeugtoiletten. Aber woher kommen sie dann? Lassen Sie sich überraschen!

Axel Bojanowski, Hamburg, im Winter 2011

1

Frostbomben aus heiterem Himmel

Solch einen mysteriösen Fall hatten die spanischen Polizisten
der Guardia Civil noch nicht erlebt. Tathergang und Motiv des
Falls blieben im Dunkeln. Auch die Herkunft des Beweisstücks
ließ sich nicht klären. Und anstelle eines Täters mussten die
Ordnungshüter einen Eisklumpen mit auf die Wache schlep-
pen. Es war am 13. März 2007 um kurz nach zehn Uhr morgens im Städtchen Mejorada del Campo, 20 Kilometer östlich
von Madrid, passiert. Am Tatort hatte ein etwa 20 Kilogramm
schwerer Frostbrocken ein Loch in das Dach einer Lagerhalle
geschlagen. War der gefrorene Trumm etwa vom Himmel gefallen? Bei Sonnenschein? Wohl kaum, meinten die Arbeiter des
Lagers; nur ein Anschlag käme infrage – sie riefen die Polizei.
Doch weder Polizei noch Wissenschaftler konnten das Rätsel
lösen. Untersuchungen im forensischen Labor ergaben, dass
Menschen nichts mit der Eisattacke zu tun hatten. Besonders
mysteriös ist, dass aus vielen Ländern ähnliche Fälle gemeldet
wurden.

Der Geologe Jesús Martínez-Frías vom Zentrum für Astro-
biologie in Madrid hat seit 2002 weltweit rund 80 Aufschläge
von Rieseneisklumpen dokumentiert, auch aus den Jahrzehnten
zuvor sind ihm Dutzende bekannt. Die Frostbrocken können
zerstörerisch sein. Sie erreichen oft die Größe einer Mikrowelle,
manche gar die eines Schranks. In Toledo, Spanien, sorgte 2004

gar ein 400-Kilo-Koloss für Aufsehen, der ein Mädchen nur knapp verfehlte; das Eis schlug einen beachtlichen Krater. Das Gruselige sei, so Jesús Martínez-Frías, dass anscheinend täglich solche Brocken auf die Erde prasseln. Aufschläge werden allerdings nur bekannt, wenn sie jemand beobachtet. Doch an den allermeisten Orten der Welt gibt es keine Menschen. Wie viele Einschläge also tatsächlich passieren, ist unklar.

Geheimnisvoll klingt auch die Bezeichnung der Eisbrocken: Mega-Cryo-Meteore nannte sie Jesús Martínez-Frías – auf Deutsch:»große eisige Himmelskörper«. Der umständliche Name soll die Brocken vom Hagel unterscheiden, erläutert der Geologe. Die meisten Eisklötze seien schließlich vom heiteren Himmel gestürzt – im Gegensatz zu Hagel, der sich in mächtigen Wolken bildet, wo Wassertröpfchen gefrieren: Hagelkörnchen werden wiederholt durch Aufwinde emporgehievt, wo sich vereisendes Wasser an ihnen niederschlägt und sie wachsen lässt. Größer als zehn Zentimeter werden Hagelkörner allerdings nicht – verglichen mit Mega-Cryo-Meteoren bleiben sie also klein.

Ein spektakulärer Fall aus Deutschland ereignete sich am 27. April 2010. Um 10 Uhr 17 schreckte schrilles Pfeifen, gefolgt von einem Knall, die Anwohner der Straße Brenndörfl in der Gemeinde Hettstadt bei Würzburg auf. Knapp 50 Kilogramm Eistrümmer lagen auf dem Boden, sie hatten eine Kindergartengruppe mit 15 Kindern nur knapp verfehlt.»Der Postbotin sind die Brocken regelrecht um die Ohren geflogen«, erzählte ein Anwohner, in dessen Garten ein dreieckiger Krater klaffte, 22 Zentimeter tief. Zudem war eine Gehwegplatte zersprungen, Äste von Sträuchern waren abgebrochen. Die Anwohner blickten gen Himmel, wo ein paar Schönwetterwölkchen schwebten – Hagel schien ausgeschlossen. Was war geschehen?

Die Eisbombe von Hettstadt war ein Sonderfall – ihre Herkunft ist inzwischen geklärt: Eine Boeing 737-700 auf dem Weg von Dortmund nach Thessaloniki überflog die Ortschaft um 10 Uhr 12 in 10 730 Meter Höhe, hat Frank Böttcher vom Institut für Wetter- und Klimakommunikation ermittelt. »Bei freiem Fall von diesem Flugzeug aus ergibt sich ein Einschlag kurz vor 10 Uhr 17, dem beobachteten Zeitpunkt«, berichtet er. Luftfahrtexperten wissen, dass sich an Verkehrsmaschinen mitunter Eis bilden kann, etwa an undichten Ventilen. Die meisten Eisklötze jedoch stammen nicht von Flugzeugen. Nachdem etwa im Januar 2000 in Südspanien ein Eisklumpen die Windschutzscheibe eines Autos zertrümmert hatte, fragte Martínez-Frías umgehend bei der Luftaufsichtsbehörde nach – es hatte keine Überflüge der Region gegeben. Auch die Einwände anderer Wissenschaftler, möglicherweise seien kleine, nicht dokumentierte Privat- oder Militärmaschinen verantwortlich, weist Martínez-Frías zurück. Der Geologe hat Berichte über Rieseneisklumpen aus der ersten Hälfte des 19. Jahrhunderts entdeckt, aus einer Zeit also, als es noch gar keine Flugzeuge gab.

Allmählich gehen den Wissenschaftlern die Ideen aus, mit denen das Phänomen der Mega-Cryo-Meteore erklärt werden könnte, eine Theorie nach der anderen mussten sie fallenlassen. So gab es etwa die These, dass die Eisklumpen ihrem Namen Ehre machen und aus dem Weltall stammen. Diese Annahme wurde durch eine Isotopenanalyse der Eisbrocken jedoch längst widerlegt: Je nach Herkunft bestehen Wassermoleküle (chemische Formel: H_2O) aus unterschiedlich schweren Wasserstoff- (H) und Sauerstoffatomen (O). Die Analyse der Frostbomben ergab, dass sie aus der Erdatmosphäre stammen: Mega-Cryo-Meteore haben die gleiche Isotopensignatur wie Regentropfen. Woher aber sollten die Eiskolosse dann kommen?

Berichte der NASA schienen zumindest die Attacke auf das Auto in Südspanien im Januar 2000 aufklären zu können. Satellitendaten der Raumfahrtbehörde offenbaren, dass die Ozonschicht über der Gegend in den Tagen vor dem Einschlag ausgedünnt war. Sonnenstrahlung drang deshalb vermehrt in die untere Atmosphäre, obere Luftschichten kühlten aus. Der Temperaturgegensatz erzeugte Extremwinde in der Höhe. Die NASA-Daten zeigten zudem, dass die Luft äußerst wasserdampfgeladen war. Die ungewöhnlichen Bedingungen hätten womöglich die Eisbrocken entstehen lassen, meinte Martínez-Frías: Der Sturm habe Eiskristalle so lange in der feuchten Luft gehalten, dass sie zu gigantischer Größe angewachsen seien.

Andere Forscher indes reagierten skeptisch: »Ich möchte nicht behaupten, dass irgendetwas absolut unmöglich ist«, erklärte etwa der Hagelexperte Charles Knight, »aber diese Theorie kommt dem doch schrecklich nahe.« Selbst nach langer Verweildauer in feuchter eisiger Luft entwickelten sich höchstens große Schneeflocken, jedoch keine Eisklötze, meinte er. Selbst Martínez-Frías zweifelt mittlerweile an seiner Theorie, seine Erklärung fällt äußerst vage aus. »Unsere Studien nach neun Jahren Forschung zeigen eindeutig, dass Mega-Cryo-Meteore atmosphärische Extremereignisse sind«, resümiert der Geologe. Genaueres weiß man nicht. Die Ratlosigkeit der Wissenschaftler über die Frostklötze mündet nun oft in Ironie: »Sind sie real? Kommen sie von Gott? Ist die Klimaerwärmung schuld?«, fragt der Verfasser des Blogs *megacryometeors.com*. Dabei nehmen Experten die Sache äußerst ernst: Es sei nur eine Frage der Zeit, sagt Martínez-Frías, bis Menschen verletzt oder Flugzeuge getroffen würden.

Ein anderes eisiges Geheimnis beschäftigt Geoforscher im nächsten Kapitel: Auf Gewässern bilden sich kreisrunde Eisschollen, manche sind Tausende Meter groß. Russische Forscher präsentieren eine erstaunliche Erklärung für die runden Giganten.

2

Das Geheimnis der Eiskreise

»Sehr mysteriös«, notierte ein russischer Naturforscher im
19. Jahrhundert, als er die seltsamen Phänomene auf dem zugefrorenen Baikalsee begutachtete: Meterhohe weiße Schlote aus
Eis erheben sich dort im Winter aus dem Gewässer. Wie sie sich
bilden, ist bis heute ungeklärt. Immer wieder brechen auch tiefe
Risse in die eisige Seeoberfläche, als ob Wellen das Eis spalten
würden – Wasser gelangt jedoch nicht nach oben. Die Klüfte
schließen sich mit lautem Krachen; es klinge »wie Kanonen-
feuer«, schrieb ein Eiskundler 1882.

121 Jahre später, im Frühjahr 2003, entdeckten Forscher auf
Satellitenbildern ein weiteres Mysterium auf dem zugefrorenen
Baikalsee: Kilometerbreite Kreise aus Eis zeichneten sich ab.
»Ungewöhnliche Ringstrukturen«, staunten Wissenschaftler in
Wissenschaftlersprache. Sie sahen sich Satellitenfotos aus frü-
heren Jahren an – auch darauf erkannten sie die Ringe.

Anderenorts haben Eiskreise die Wissenschaft ebenso vor ein
Rätsel gestellt. In der Ostsee etwa wurden sogenannte Eispfann-
kuchen entdeckt. Ihre Entstehung meinen Forscher inzwischen
erklären zu können: In unruhigem Wasser bilden sich Pfützen
aus Eisschlamm. Weil sie nach allen Seiten gegeneinander-
stoßen, formen sich an ihren Rändern runde Eiskrusten. Sie
sehen also aus wie die Salzdekoration am Cocktailglas. Weit
größeren Anlass zur Spekulation bot ein imposanter Eiskreis

am Fluss Machra, 120 Kilometer nördlich von Moskau, den der Russe Alexey Yusupov 1995 entdeckte. »Der Kreis hatte eine derart ideale geometrische Form, dass alle Zuschauer geradezu magnetisiert wurden«, erinnert er sich. Schon am nächsten Tag war das Rund jedoch verschwunden. »Da eine alte Frau im Dorf zuvor einen Kugelblitz gesehen haben will, kursierten die wildesten UFO-Gerüchte«, berichtet Yusupov. Doch auch Naturwissenschaftler konnten das Phänomen lange nicht deuten. Inzwischen gibt es aber eine Erklärung: Auf manchen Flüssen entstehen im Winter meterbreite Eiskreise, die sich um die eigene Achse drehen. Sie bilden sich offenbar meist in Flusskurven; die Strömung bricht Eis aus der gefrorenen Wasseroberfläche und lässt es in Strudeln rotieren.

Die im Vergleich dazu riesigen Kreise auf dem Baikalsee lassen sich jedoch nicht auf diese Weise auslegen. Wie immer, wenn die Wissenschaft nicht weiterweiß, bieten sich abwegige Deutungen an: Blieben – wie lange Zeit bei den berühmten Kreisen in britischen Kornfeldern – wirklich nur Außerirdische als Verdächtige? Oder sollten Schlittschuhläufer die rätselhaften Gebilde geformt haben, zirkeln Kufenakrobaten die Kreise ins Eis? Das Phänomen trete im Spätwinter auf, berichtet Nikolai Granin vom Limnologischen Institut in Irkutsk. Er meint den Spekulationen ein Ende bereiten zu können. Nachdem am 4. April 2009 Satellitenbilder einen stattlichen Eiskreis auf dem Baikalsee gezeigt hatten, machte sich Granin mit Kollegen auf, das Phänomen vor Ort zu untersuchen. Drei Tage später stießen die Geoforscher einen Bohrer in den Eiskreis – das Gerät schälte mehrere Eisstangen heraus.

Die erste überraschende Entdeckung war, dass das Eis am Rand des Rings dünner war als im Zentrum. »Mit zunehmender Entfernung vom Mittelpunkt durchzogen immer mehr kleine Risse das Eis«, berichtete Granin. Temperatur- und Strömungsmessungen im Wasser unter dem Eis brachten einen weiteren wichtigen Hinweis: Strudel unterwandern die Kreise. Am Rand der Kreise erreichen die Wirbel ihre größte Geschwindigkeit. Durch die Turbulenz bilden sich die dunklen Ringe, folgerte Granin: Das Eis werde am Rand der Kreise schneller zerstört als im Zentrum – Wasser dringe in die Risse, es verdunkle das Eis. Eine entscheidende Frage blieb zunächst aber offen: Warum gibt es solche ominösen Strudel gerade im Baikalsee? Offenbar verursachen mächtige Gaseruptionen am Grund des Sees die Wirbel, so Granin. Dort, im Boden des Baikalsees, wurden Erdgasvorkommen entdeckt. Teilweise liegen sie in Eisklumpen eingeschlossen. Zudem brodelten im Seegrund sogenannte Schlammvulkane, die neben Schlick auch Gas hervorstießen. Mit Schallwellen entdeckten Granin und seine Kollegen Gasfahnen, die vom Grund aus bis zu 900 Meter aufragten. An manchen dieser Stellen hätten sich im Winter Eiskreise auf dem zugefrorenen See gebildet. Die Theorie der russischen Wissenschaftler erscheint plausibel, bestätigt die Umweltforscherin Marianne Moore vom Wellesley College im US-Bundesstaat Massachusetts: Das Erdgas schieße vermutlich mit warmem Wasser aus dem Boden und werde beim Aufstieg in Drehung versetzt – ähnlich wie bei einem Tornado. Die Wirbel erzeugten schließlich die Eiskreise.

Die Erforschung dieses Naturphänomens hat ernste Konsequenzen für die Schifffahrt auf dem Baikalsee. Die russische Regierung warnt Kapitäne regelmäßig vor den Orten, an denen sich Eiskreise bilden. An diesen Stellen bestehe die Gefahr, dass Erdgaswolken sich entflammten, wenn sie mit offenem Feuer – etwa an Bord eines Schiffes – in Berührung kämen. Indessen warten Nikolai Granin und seine Kollegen gespannt auf neue Satellitenfotos. In den kommenden Wintern werden sich vermutlich wieder Eiskreise auf dem Baikalsee bilden. »Doch die Ringe«, sagt Granin, »sind keineswegs das letzte Rätsel des Sees.« Und so werden die Forscher wieder hinfahren, um auch die anderen winterlichen Mysterien der Gegend zu entschlüsseln. Die Herausforderung ist groß, schließlich stellt das Eis des Baikalsees Wissenschaftler seit Jahrhunderten vor Rätsel. Nicht nur das Winterwetter hält Überraschungen bereit. Im nächsten Kapitel ergründen Meteorologen, warum ausgerechnet am Wochenende schlechtes Wetter herrscht.

3

Nach zwei Tagen Regen folgt Montag

Die Natur kennt im Grunde weder Werk- noch Feiertage noch die Siebentagewoche. Sie folgt dem Takt von Tag und Nacht, den Jahreszeiten und langfristigen Klimaänderungen, die von Meeresströmungen gesteuert werden. Und doch zeigen Wetterdaten seltsamerweise einen Wochenrhythmus: In vielen Regionen ist das Wetter am Wochenende tendenziell schlechter als werktags. Auf die Frage, was nach zwei Tagen Regen folgt, gibt es oft eine sarkastische Antwort: Montag.

Der Verdacht fiel rasch auf Autos und Industrie, die unter der Woche mehr Abgase erzeugen. Bis zum Wochenende haben sich Messungen zufolge über Deutschland tatsächlich ein Viertel mehr Partikel in der Luft angesammelt. Die Abgasteilchen blockieren das Sonnenlicht und dienen als Keime für Regentropfen. Am Samstag und Sonntag regne es in Deutschland deshalb mehr, berichten Dominique Bäumer und Bernhard Vogel vom Forschungszentrum Karlsruhe nach der Auswertung von Wetterdaten aus den Jahren 1991 bis 2005.

Dass in Mitteleuropa am Wochenende tendenziell schlechteres Wetter herrscht, belegen weitere Studien: Am Samstag und Sonntag sei es in Europa kühler als Mitte der Woche, haben Forscher um Patrick Laux vom Karlsruher Institute of Technology (KIT) herausgefunden. Der Effekt sei nicht groß, aber durchaus spürbar: Im Durchschnitt fällt die Abkühlung mit etwa einem Viertel Grad im Schatten zwar klein aus – aber manchmal eben auch deutlich stärker. Zudem blockieren Abgaspartikel am Wochenende verstärkt das Sonnenlicht, sie können vor allem nahe den Metropolen den Samstag und den Sonntag trüben. Das gern besungene »Wochenend' und Sonnenschein« gibt es also seltener als etwa Donnerstag mit Sonnenschein.

Sogenannte Wochenendeffekte stellten Meteorologen auch in anderen Ländern fest: Die USA etwa kühlen sich am Samstag und Sonntag im Durchschnitt ab, in China verändert sich das Wetter am Wochenende auf vielfältige Weise, je nach Region. Für die meisten Länder freilich steht eine entsprechende Analyse der Wetterdaten noch aus, umfangreiche Rechnungen sind nötig. Dabei ist es nicht einfach auszuschließen, dass der Wochenendeffekt mancherorts doch nur eine vorübergehende Laune der Natur ist. Einige Indizien irritieren: Seltsamerweise regnet es auch über dem Nordatlantik in Island und Grönland am Wochenende mehr, obwohl dort kaum Abgase schweben sollten. Die Partikelschleier wirken anscheinend auch indirekt: Indem sie für Kühlung sorgen, ändern sich Luftströmungen – die Abgase könnten sich fernab der Emissionsquellen bemerkbar machen. Oder zeigen Ozeanströmungen etwa doch einen Wochenrhythmus?

Das Rezept der Wetterküche ist komplizierter als die simple Formel »Mehr Abgase gleich schlechtes Wetter«. Der Wochenendeffekt wird von einem Zusammenspiel aus Abgasen, Winden und Wetterfronten verursacht. In Spanien und den USA gibt es gar einen umgekehrten Wochenendeffekt: Dort regnet es am Wochenende weniger – schuld daran scheinen die Abgase zu sein: Offenbar unterdrücken sie den Regen, sagen Experten. Zwar verdunkelt und kühlt der feine Staub die Luft, sodass die Wochenenden auch in diesen Ländern tendenziell weniger schön sind. Die Wassertröpfchen, die sich um die feinen Partikel in Wolken sammeln, scheinen jedoch zu klein, um als Regen zur Erde zu fallen – es ist bewölkt, ohne dass es regnet. Auf diese Weise kann Niederschlag für viele Wochen zurückgehalten werden: Luftverschmutzung habe in Nordamerika sogar gravierende Dürreperioden verursacht, haben Studien gezeigt.

Auch der Wochenendeffekt in Deutschland steht immer wieder zur Prüfung. Neueste Analysen haben zwar bestätigt, dass es hierzulande am Samstag und Sonntag kühler und schattiger ist als unter der Woche. Doch dass der vermehrte Regen am Wochenende tatsächlich mit den Abgasen zusammenhängt, sei schwer nachzuweisen, sagt Harrie-Jan Hendricks Franssen von der ETH Zürich. Mit der sogenannten Monte-Carlo-Methode hat der Forscher am Computer die Wetterdaten der letzten Jahrzehnte Dutzende Male willkürlich durcheinanderbringen lassen – wie beim Glücksspiel im Kasino von Monte Carlo eben. Dabei stellte sich heraus, dass sich 15 Jahre mit eher schlechtem Wochenendwetter durchaus auch per Zufall einstellen könnten. Damit geriet die Studie von Bäumer und Vogel ins Wanken, die die Tendenz zum Wochenendregen in Deutschland von 1991 bis 2005 auf Abgase zurückgeführt hat. Bäumer und Vogel machen aber geltend, dass ihr Ergebnis von zahlreichen Wetterstationen gestützt wird: Sie haben zwölf Messstationen in Deutschland untersucht, die übereinstimmend den Wochenendrhythmus gezeigt haben.

»Die hohe Variabilität der Niederschläge macht einen Nachweis so schwierig«, betont jedoch Hendricks Franssen. Das Wetter dominieren trotz aller Abgase die großen Regenfronten, die vom Atlantik nach Europa ziehen; sie überlagern alles andere. Ein endgültiger Beweis in naher Zukunft erscheint unwahrscheinlich, denn nur wenige Forscher untersuchen die Wochenendeffekte. Das Thema gilt unter Wissenschaftlern als wenig karrierefördernd, Forschungsgeldgeber halten es für statistische Spielerei. Bei ihrer nächsten verregneten Grillparty sollten sie vielleicht noch mal darüber nachdenken.

Der Einfluss des Wetters reicht jedoch weit über den Tag hinaus. Klimaumschwünge haben sogar Hungersnöte, Völkerwanderungen und Revolutionen befördert. Im nächsten Kapitel bieten Jahresringe von Baumstämmen überraschende Einblicke in die Kulturgeschichte Mitteleuropas.

4

Wie das Klima Geschichte macht

Oft wurde die Geschichte von Hannibals Alpenüberquerung erzählt – aber stimmt sie auch? 218 vor Christus zog der Feldherr aus Karthago mit 37 Elefanten, Tausenden Reitern und Zehntausenden Soldaten übers Hochgebirge gen Rom, so steht es in jedem Geschichtsbuch. Die meisten Elefanten überlebten die Tortur. Kann das wahr sein?

Erst heute lässt sich die ganze Geschichte erzählen. Eine Studie liefert die erste aufs Jahr genaue Klimageschichte Europas für die vergangenen 2500 Jahre. Im Sommer 218 vor Christus war es demnach warm. Die Geschichte von Hannibals Alpenüberquerung könnte also stimmen. Auch andere historische Ereignisse können nun überprüft und möglicherweise begründet werden: Warum gab es Hungersnöte, Völkerwanderungen, Seuchen und Kriege? Oftmals haben Wetter und Klima geschichtliche Umbrüche befördert, sagen auch Historiker.

Aus beinahe 9000 Holzstücken von alten Häusern und Bäumen haben Forscher um Ulf Büntgen vom Schweizer Umweltforschungsinstitut WSL und Jan Esper von der Universität Mainz das Klima gelesen – ein weltweit einzigartiges Geschichtsarchiv ist entstanden. Die Wachstumsringe im Holz geben Auskunft über das Wetter früherer Zeiten: Jedes Jahr legt sich ein Baumstamm durch sein Wachstum im Frühjahr und Sommer einen weiteren Ring zu. Aus der Breite von Jahresringen im Holz von

Eichen lesen Experten die Niederschlagsmenge im Frühjahr und Juni, aus den Ringen von Lärchen und Kiefern die Sommertemperaturen. Über das Wetter aus anderen Jahreszeiten können sie keine Angaben machen, denn Bäume wachsen nur im Frühjahr und Sommer. Jeder Baumring lässt sich einem Jahr zuordnen, weil Wissenschaftler inzwischen über eine datierte Reihe von Jahresringen aus den vergangenen Jahrtausenden verfügen. Dieser Musterreihe haben Büntgen und seine Kollegen ihre Holzfunde zugeordnet – ähnlich einem Memoryspiel, bei dem man gleiche Formen einander zuordnet.

Holzstämme für die Niederschlagsgeschichte fanden die Wissenschaftler in vielen Gebieten in Deutschland und Ostfrankreich, etwa in alten Flussbetten und bei archäologischen Grabungen. Als Temperaturarchive hingegen kommen nur Bäume an der Waldgrenze infrage, denn nur ihr Wachstum wird von der Temperatur bestimmt. Die Forscher um Büntgen und Esper konnten für ihre Temperaturrekonstruktion folglich nur Bäume aus den Alpen verwenden. Deren Daten gelten aber für weite Teile Mitteleuropas, Italiens, Frankreichs und des Balkans – das zeigen Vergleiche mit Temperaturmessungen aus dem 20. Jahrhundert.

Die wichtigsten Ergebnisse der Studie sind:

- Historische Epochen fügen sich in Klimazyklen: Blütezeiten des Römischen Reiches und des Heiligen Römischen Reiches Deutscher Nation fielen in Warmzeiten; Völkerwanderungen, Pest und Dreißigjähriger Krieg ereigneten sich in Zeiten rauen Klimas.
- Mitteleuropa erlebte in der Römerzeit und im Hochmittelalter ähnliche Warmzeiten wie heute.
- Die Regenmenge in Mitteleuropa schwankte im Altertum und Mittelalter deutlich stärker von Jahr zu Jahr als in der Neuzeit, zudem gab es stärkere Extreme.

»Den genauen Zusammenhang zwischen Klima und Geschichte müssen Historiker erforschen«, sagt Ulf Büntgen. Die Studie zeigt jedoch auffällige Parallelen zwischen Wetter und Historie. Und vieles, was sich in Deutschland und Europa in den vergangenen 2500 Jahren ereignet hat, lässt sich unmittelbar mit den Daten in Verbindung bringen.

Es war ein Aufbruch nach der Kälte: Mitte des ersten Jahrtausends vor Christus hatte Europa gerade die frostigste Phase seit der Eiszeit hinter sich, die Jahresmitteltemperaturen lagen um bis zu zwei Grad* tiefer als heute. Es war eine Hochphase der Kriege, die viele Völker in den Untergang trieben, etwa Babylonier und Mykener. Als sich das Klima besserte, es 300 vor Christus allmählich wärmer wurde und gleichzeitig relativ viel Regen fiel, erblühte das Römische Reich. Das Klima half den Römern bei ihrem Aufstieg, wie Historiker festgestellt haben: Die Ernteerträge stiegen, Bergbaugebiete konnten erschlossen werden, Nordeuropa wurde vereinnahmt, sobald der Weg über die Alpen ganzjährig passierbar war. Selbst in England florierte der Weinanbau. Ab dem 4. Jahrhundert nach Christus zeigen die Daten jedoch eine gravierende Klimaverschlechterung: Es wurde kalt und trocken in Mittel- und Südeuropa. Historiker sprechen demnach vom »Klimapessimum der Völkerwanderung«. Sie wissen zwar, dass vor allem die Invasion der Hunnen die Wanderungen der Germanen, Goten und anderer Völker auslöste. Doch fest steht, dass klimatisch bedingte Missernten, Hungersnöte und Seuchen die Wanderungsbewegungen weiter antrieben. Die Temperaturen fielen, aber die Niederschläge ließen nach. Die zunehmende Trockenheit förderte die Erosion des Bodens, die Felder gaben immer weniger her. Im Jahr 375 brachen germanische Stämme nach Süden auf, sie überrannten die Römer. 410 eroberten die Westgoten Rom. Das Ende des

---

* Alle Temperaturangaben in Grad Celsius

Römischen Reiches war gekommen. Das »dunkle Zeitalter« hatte begonnen, ein durchaus zutreffender Begriff, wie sich zeigen sollte. Die Erkenntnisse und Errungenschaften früherer Kulturen gerieten in Vergessenheit. Unwissenheit, Angst und Aberglaube machten sich breit. Zwar setzte der Regen im Lauf des 4. Jahrhunderts wieder ein, aber es blieb kalt und die Gletscher wuchsen.

Die größte Krise erlebte Europa von 536 bis 546, als die Sommertemperaturen auf ein Rekordtief stürzten. »Unsere Daten zeigen in dieser Zeit eine außergewöhnliche zehnjährige Depression«, berichtet Ulf Büntgen. Frostige Winde und fehlende Sonneneinstrahlung ließen die Ernte verderben. Berichte aus dem Jahr 536 zeugen von dramatischen Geschehnissen: Der Himmel verdunkelte sich für lange Zeit, roter Regen ging nieder. Selbst am Mittelmeer kühlte es dramatisch ab. Die »Mysteriöse Wolke von 536« ging in die Geschichte ein: »Die Sonne leuchtete das ganze Jahr schwach wie der Mond«, schrieb der zeitgenössische Historiker Prokopios, »weder Krieg noch Seuche noch sonst ein Übel, das Menschen den Tod bringt, hörten auf.« Bewohner Roms berichteten, dass ein Jahr lang »eine bläuliche Sonne« selbst mittags keinen Schatten geworfen habe. Ähnliches wurde aus anderen Erdteilen geschildert.

Die frühmittelalterliche Klimakatastrophe könnte zu gravierenden weltpolitischen Umwälzungen in jener Epoche beigetragen haben, sagen Wissenschaftler: Hochkulturen in Indonesien, Persien und Südamerika verschwanden; Dürre hatte ihnen zugesetzt. Großstädte verfielen, in Byzanz kam es 536 zu andauerndem Vandalismus. Am Meeresgrund vor Australien glauben die Geologen Dallas Abbott von der Columbia Universität in New York und Cristina Subt von der Universität von Texas in El Paso die Ursache der Abkühlung gefunden zu haben: den Krater eines etwa 600 Meter dicken Meteoriten.

Sein Einschlag habe die mysteriöse Wolke aufgeworfen. Der Meeresforscher Mike Baillie von der Queen's Universität in Belfast, Nordirland, meint sogar, es habe zwei Naturkatastrophen gegeben, einen großen Vulkanausbruch, gefolgt von einem Meteoriteneinschlag. Ein Jahrzehnt lang könnte die Welt von Staubwolken eingehüllt gewesen sein. Würde sich nur eine dieser Katastrophen in der modernen Welt wiederholen, kämen die Folgen denen eines weltweiten Atomkriegs gleich.

Im frühen Mittelalter erholte sich die Witterung etwas, doch die Klimakrise setzte sich fort. Die Einwohnerzahl Europas sank »auf einen nie wieder erreichten Tiefstand«, berichtet der Historiker Wolfgang Behringer von der Universität Saarbrücken. Archäologen fanden in Mitteleuropa zahlreiche aufgegebene Siedlungen; Pollenanalysen belegen einen deutlichen Rückgang der Landwirtschaft, die Wälder drangen vor. Es waren frostige Zeiten, wie die neuen Klimadaten zeigen. Die Folgen waren schrecklich: Im Hungerjahr 784 soll ein Drittel der Bevölkerung Europas umgekommen sein. »Es war ein eher kühler Sommer«, lautet Büntgens nüchterne Diagnose. »Mit der Klimaverschlechterung gingen in Europa nicht nur die Ernten zurück, auch das Vieh verkümmerte«, sagt Berninger. Jede Missernte löste eine Hungersnot aus. Zur Kälte kam im 9. Jahrhundert dann die Feuchte: Andauernder Regen bot Nährboden für Seuchen, Lepra breitete sich aus. Die Zeit der Wölfe war angebrochen. Hunger hatte sie nach Mitteleuropa getrieben, denn auch in ihrer Heimat Russland hatte sich das Klima dramatisch verschlechtert. Gierig schlichen die Tiere um die Dörfer. »Der Kampf gegen die reißenden Bestien wurde mit aller Gewalt geführt, mit Fallen, Giftködern und Treibjagden«, erläutert Behringer. Karl der Große ordnete die Anstellung von Wolfsjägern in allen Grafschaften an. Doch immer wieder kam es zu Übergriffen: Im Hungerjahr 843 platzte ein Wolf im Städtchen Sénonais im heutigen Frankreich in die sonntägliche

Messe. Klimaforscher Büntgen bestätigt die Kälte jenes Jahres: »843 war kühler als die Jahre davor und danach.«

Mitte des 10. Jahrhunderts jedoch wendete sich das Klima zum Guten, das »Mittelalterliche Klimaoptimum« brach an. Die neuen Daten zeigen, dass die Temperaturen in Europa in etwa so hoch kletterten wie später erst wieder im 20. Jahrhundert. Die Baumgrenze in den Alpen lag mancherorts sogar höher als heute, und Wein wurde weiter nördlich angebaut als zu Beginn des 21. Jahrhunderts. Die Zeit der Entdecker begann: Die Wikinger fuhren über Grönland bis Amerika. Die Landwirtschaft erholte sich, Hungersnöte wurden seltener. In 150 Jahren wuchs Europas Bevölkerung um ein Drittel. Das Heilige Römische Reich Deutscher Nation erlebte unter den Stauferkaisern seine Blüte. Friedrich II. residierte in Sizilien, an seinem Hof trafen sich Philosophen, Wissenschaftler und Künstler – es durfte freier gedacht und gesprochen werden. Auch aus Arabien kamen vermehrt Gelehrte, sie hatten wertvolle Erkenntnisse aus der Antike bewahrt und weiterentwickelt. Die Architektur änderte sich ebenso: Gotische Kathedralen mit großen Fenstern ließen das Sonnenlicht hinein.

Manche historischen Angaben jedoch gehören den neuen Daten zufolge auf den Prüfstand. In einem Bericht aus Nürnberg etwa klagte ein Bürger im Jahr 1022, dass Menschen »auf Straßen vor großer Hitze verschmachten und ersticken«. Historiker wissen zwar um die Neigung zur apokalyptischen Übertreibung in dieser Zeit. Indes: »Der Sommer 1022 war nicht besonders warm«, sagt Klimaforscher Büntgen. Möglicherweise war die Hitzewelle des Jahres so kurz, dass sie sich nicht im Wachstum der analysierten Jahresringe niederschlug – oder die Erzählung von der großen Hitze jenes Jahres ist eine Legende. Andere Ereignisse jedoch werden durch die neue Studie untermauert. 1135 zum Beispiel fiel auffällig wenig Regen. Damit bestätigen die Daten historische Berichte, wonach die Donau in jenem

Jahr fast trockengefallen ist. Die Regensburger nutzten das Niedrigwasser für den Bau der Steinernen Brücke, des noch heute bedeutenden Wahrzeichens der Stadt. Ansonsten genossen die Menschen des 12. Jahrhunderts das milde Wetter: Bei Hofe lauschten sie in lauen Sommernächten den Minnesängern.

Doch unerbittlich wendete sich das Klima abermals: In der Nacht vom 8. auf den 9. September 1302 erfroren die Weinstöcke im Elsass. Und nach einem strengen Winter und Frühjahr standen in Deutschland die Bauern am 2. Mai 1303 vor ihrem erfrorenen Saatgut. Noch ahnten sie nicht, wie hart die Zeiten werden sollten. Die Klimadaten aus den Baumstämmen sind das nüchterne Abbild einer gigantischen Katastrophe, die nun über Europa hereinbrach. Sie zeigen im 14. Jahrhundert viele kalte Sommer, schwere Regenfälle und harte Winter. Hinter den Zahlen verbergen sich grausame Ereignisse: 1314 blieb aufgrund des Wetters die Ernte aus. Bereits 1315 mussten viele Leute Hunde und Pferde essen. Bis 1322 dezimierte der »Große Hunger« die Bevölkerung enorm. Die Jahre 1346 und 1347 waren besonders kalt, der Wein erfror erneut, das Getreide verfaulte. Die geschwächten Menschen hatten Seuchen nichts entgegenzusetzen. Vermutlich aus China brachten Reisende den »Schwarzen Tod« mit: Von 1346 bis 1352 soll die Hälfte der Bevölkerung Europas an der Pest gestorben sein. Südlich der Alpen sanken die Temperaturen nicht ganz so stark. Vermutlich war das ein Grund dafür, dass sich nun in Italien die kulturelle Blüte der Renaissance entfalten konnte. Antike Philosophen kamen wieder zu Ehren, das Bankwesen entwickelte sich, und die Bürger begannen mit neuem Selbstbewusstsein dem Adel Konkurrenz zu machen.

Die Renaissance hatte es schwer, über die Alpen zu kommen. Im Norden war die »Dunkelheit« zurückgekehrt, die Macht des Glaubens erstarkt. Die Kirche schob den Hexen die Schuld für schlechte Ernten und Krankheiten zu, sie ließ

Frauen verbrennen. Ab 1524 erhoben sich die Bauern in ihrer Not gegen den Adel, der immer mehr aus ihnen herauspressen wollte. Und es wurde noch kälter. Die Kleine Eiszeit hatte begonnen. Die vielen trüben, kalten Tage veranlassten den anglikanischen Bischof Robert Burton Anfang des 16. Jahrhunderts, sein Werk *Anatomie der Melancholie* zu schreiben. Der Dreißigjährige Krieg von 1618 bis 1648 machte schließlich ganz Deutschland zum Schlachtfeld, ein Großteil der Bevölkerung kam um. Und Ende des 17. Jahrhunderts litt Europa dann mehrfach unter schweren Hungersnöten. Im Jahr 1709 stürzte das Wetter Europa in eine der schlimmsten Naturkatastrophen: In der »Grausamen Kälte von 1709« gefroren sogar in Portugal die Flüsse, Palmen versanken im Schnee. In ganz Europa trieben erstarrte Fische im Wasser, das Vieh erfror in den Ställen, Rehe lagen tot auf den Wiesen, Vögel sollen wie Steine zu Boden gefallen sein. Noch im Sommer 1710 sah man ausgemergelte Menschen, die auf den Feldern »wie Schafe« grasten, wie es in zeitgenössischen Berichten heißt. Zu jener Zeit feierte der Absolutismus Triumphe, das Volk wurde gänzlich entmündigt.

Doch mit dem Ende der Kleinen Eiszeit erwachte das Volk langsam aus seiner Erstarrung. Die Zeit der Aufklärung kam, Widerspruch regte sich. »Hungerkrisen wurden nun als Folge von Missmanagement verstanden«, erläutert Behringer. Bauern stellten auf Fruchtwechselwirtschaft um: Auf einem Feld wurden fortan wechselnde Gemüsesorten angebaut, um die Ergiebigkeit des Bodens zu erhöhen. Zudem wurde die Bewässerung modernisiert, Moore wurden urbar gemacht, bessere Straßen gebaut und Deiche aufgerüstet. Die Agrarrevolution bewirkte, dass Hungersnöte seltener wurden.

Die Menschen hätten ihre Lehren aus den Klimakrisen gezogen, folgert Behringer. Dadurch habe sich »die Anfälligkeit der Gesellschaft für Aberglaube und religiöse Verirrungen verringert«. Gegen die Hungersnot Mitte des 19. Jahrhunderts – ausgelöst von einem kurzzeitigen Klimarückfall – half freilich auch der technische und gesellschaftliche Fortschritt nicht. Und das 20. Jahrhundert brachte trotz Erwärmung zwei Weltkriege. Klima und Geschichte laufen eben nicht immer parallel, betonen Historiker. Viele andere Einflüsse spielen eine Rolle. »Es gab keine Kriege, nur weil es kalt war«, sagt Jan Esper, »aber Klimaumschwünge können historische Entwicklungen verstärken.«

Seit Langem streiten Experten über die künftigen Auswirkungen des Klimawandels: Führen die Veränderungen erneut

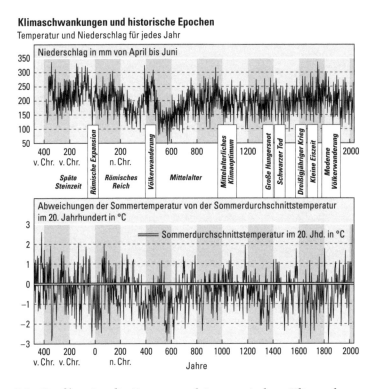

Die Grafik zeigt die Zusammenhänge zwischen Klimaschwankungen und historischen Epochen in den letzten 2500 Jahren. Die Daten lesen Wissenschaftler aus Wachstumsringen von Bäumen.

in eine Katastrophe oder bringt eine weitere Erwärmung vor allem Gutes? »Kurzfristige Klimaveränderungen hatten oft gravierende Auswirkungen auf die Gesellschaft«, resümiert Ulf Büntgen. Die neuen Daten bieten Historikern noch reichlich Stoff, solche Zusammenhänge aufzuspüren.

Auch im Nordmeer haben Wetterkapriolen immer wieder grausam Geschichte geschrieben; dort kommen Hurrikane aus heiterem Himmel. Die Schneestürme könnten das Verschwinden Hunderter Schiffe erklären. Im nächsten Kapitel erkunden Forscher, wie häufig die eisigen Wirbel sind, die mit 30 Grad unter null riesige Wellen und tosende Gewitter übers Meer peitschen.

5

Eis-Hurrikane im Nordmeer

Eben noch schien die Sonne vom blauen Himmel, der Arktische Ozean glitzerte friedlich. Plötzlich zieht ein minus 30 Grad kalter Schneesturm auf, er lässt das Meer gefrieren, Eisschollen treiben umher. Die See türmt sich meterhoch, Gewitter donnern, Windhosen wirbeln. Froststurm und Blitzeis erschweren die Arbeit an Deck. So beschreiben Kapitäne das Aufziehen sogenannter Arktis-Hurrikane. Erst in den 1970er-Jahren gaben Satellitenbilder Aufschluss: Sie zeigten Wolkenwirbel mit einem »Auge« in der Mitte – Tiefdruckgebiete, die aussahen wie kleine Versionen tropischer Wirbelstürme.

Die Arktis-Hurrikane gerieten in den Verdacht, für viele Schiffskatastrophen verantwortlich zu sein. Laut einer Studie aus den 1980er-Jahren sanken allein zwischen 1900 und 1985 56 Boote in arktischen Gewässern, 342 Seefahrer ertranken. Oft war nach dem Verschwinden der Schiffe nichts von Stürmen bekannt geworden. Dass aus heiterem Himmel Orkane übers Meer gefegt sein könnten, hörte sich wie Seemannsgarn an. Doch inzwischen führen Forscher Schiffskatastrophen im Nordmeer auf die mysteriösen Arktis-Hurrikane zurück: das Sinken von sieben Booten vor Ostgrönland binnen eines Tages im Jahr 1954 etwa oder das Verschwinden des Fischkutters *Gaul* mit 36 Mann Besatzung im Jahr 1974. Über Land erlahmen die Stürme meist. Im Februar 1969 jedoch zog ein eisiger Wirbel mit 218 Kilometern pro Stunde über Schottland, was der zweithöchsten Stärke von Hurrikanen in der Karibik entspricht. Im Januar 2003 legte ein heftiger Schneesturm in Großbritannien Flughäfen, U-Bahnen, Schulen, Straßenverkehr und die Stromversorgung lahm. Ab 54 Kilometer pro Stunde – das entspricht Windstärke 6 bis 7 – wird ein Sturm als Polartief oder Arktis-Hurrikan bezeichnet. Wirbelstürme in den Tropen gelten ab 119 Kilometer pro Stunde Windgeschwindigkeit als Hurrikan.

Wie häufig Gefahr droht, ist nicht leicht zu ermitteln – die Polartiefs sind aus mehreren Gründen schwer zu entdecken, denn das abgelegene Nordmeer wird nur von wenigen Beobachtungssatelliten überflogen. Messungen von Schiffen oder Flugzeugen aus sind selten. Zudem sind die Wirbel relativ klein, meist haben sie einen Durchmesser von unter 300 Kilometern. So kenterten manche Schiffe im Schneesturm, während andere nichts von dem Unwetter mitbekamen. Die Polartiefs bestehen oft nur während eines halben Tages, etwa 15 Stunden lang. Sie entwickeln sich meist im Winter, wenn es im Nordmeer sehr dunkel ist.

Inzwischen aber lassen sich die meisten Arktis-Hurrikane entdecken, sagt Matthias Zahn von der Universität in Reading, Großbritannien. Zusammen mit seinem Kollegen Hans von Storch vom Helmholtz-Zentrum Geesthacht hat er nachgezählt: 50 bis 60 arktische Hurrikane wirbeln pro Jahr über das Nordmeer, die meisten zwischen Oktober und April. Angefacht werden die Mini-Hurrikane meist von eisigen Fallwinden, die mit knapp minus 30 Grad von Grönland aus übers Meer in Richtung Süden fegen. Über dem Nordmeer, das vor Grönland eine Temperatur von etwa acht Grad hat, saugt sich die Luft mit Wärmeenergie voll. Der große Temperaturunterschied von beinahe 40 Grad sorgt für mächtigen Auftrieb: Die feuchte Meeresluft steigt hoch, und sobald sich Wolken bilden, setzt die Luft Energie frei, die den Aufstieg weiter ankurbelt.

Gleichzeitig zwingt die Erddrehung die Wolken in eine Rotation. Die Effekte verstärken sich gegenseitig: Das Auge des Wirbels saugt immer mehr Luft an, und diese Luftmassen drehen sich immer schneller.

Womöglich wird den polaren Hurrikanen künftig jedoch der Treibstoff fehlen, das meinen zumindest Zahn und von Storch. Mit Computermodellen, die auch Klimaprognosen für die Vereinten Nationen errechnen, haben die Forscher die Entwicklung über dem Nordmeer bis zum Jahr 2100 durchgespielt – aufgrund der Klimaerwärmung wird es demnach immer weniger Mini-Hurrikane geben. Gelangen weiterhin ungebremst Treibhausgase aus Autos, Wohnungen, Kraftwerken und Fabriken in die Luft, wird sich das Klima deutlich erwärmen. Die Luft gewinnt dabei schneller an Temperatur als das Meer. Der Temperaturunterschied zwischen den eisigen Grönland-Fallwinden und dem Ozean verringert sich dadurch um fast zwei Grad – und damit reduziert sich auch der Antrieb der Stürme. Anstatt an die 60 würden Ende des Jahrhunderts nur noch halb so viele Arktis-Hurrikane entstehen, so die Forscher. Einstweilen jedoch müsse im Winter weiterhin mit etwa zehn Polarwirbeln pro Monat gerechnet werden.

Ein besseres Warnsystem ist erforderlich, meint denn auch Erik Wilhelm Kolstad von der Universität in Bergen, Norwegen, der die Auswirkungen der Arktis-Hurrikane erforscht hat. Immer mehr Schiffe und Bohrinseln bevölkern das Nordmeer. Und trotz Satellitenbeobachtung stechen im hohen Norden noch immer Seeleute bei blauem Himmel in See, um kurz darauf von einem eisigen Sturm überrascht zu werden.

Kalte Meere können nicht nur Stürme, sondern auch wissenschaftliche Debatten entfachen: Im nächsten Kapitel streiten Klimaforscher, warum sich die Ozeane nicht mehr aufheizen – entgegen allen Klimaprognosen.

6

Das Rätsel der Meereskälte

Wer morgens am Strand entlangspaziert, glaubt die globale Klimaerwärmung geradezu sehen zu können. Das Meer dampft. Die kalte Nachtluft zieht über das warme Meer, und je stärker sich die Ozeane aufheizen, umso mehr Schwaden steigen auf. Doch der Eindruck trügt. Die Ozeane heizen sich gar nicht mehr auf. Seit 2003 stockt die Erwärmung, wenn man den weltweiten Durchschnitt der Weltmeertemperaturen betrachtet. Aber wo steckt all die Energie? Fabriken, Autos und Kraftwerke stoßen von Jahr zu Jahr mehr Treibhausgase aus, die zusätzlich Sonnenstrahlung in der Luft zurückhalten – es gäbe also genügend Treibstoff für eine beschleunigte Aufheizung der Meere. Im Grunde sollten diese etwa 90 Prozent der Energie schlucken. Die Ozeane sind der größte Wärmespeicher: In ihren obersten drei Metern halten sie so viel Wärme wie die gesamte Lufthülle der Erde. Wo also geht die zusätzliche Strahlung hin, wenn nicht in die Meere?

Zwar haben sich die Meere in den vergangenen Jahrzehnten erwärmt, daran zweifelt kein Forscher (das beweist beispielsweise der anschwellende Meeresspiegel), aber die Entwicklung seit 2003 gibt den Experten Rätsel auf. Sie streiten über das Rätsel der »fehlenden Wärme«, in Fachkreisen bekannt als »Missing Heat«-Phänomen. Schon in den illegal veröffentlichten E-Mails von Klimaforschern – in der sogenannten

Climategate-Affäre – hatte sich der Klimatologe Kevin Trenberth vom National Center for Atmospheric Research in den USA besorgt über dieses Rätsel geäußert. »Es ist eine Schande, dass wir es nicht erklären können«, schrieb er an seine Kollegen. Die E-Mail erlangte große Bekanntheit, schien sie doch zu zeigen, dass Wissenschaftler intern weniger überzeugt von der Klimaerwärmung sind als im Gespräch mit der Öffentlichkeit.

Der langfristige Trend zeigt unbestritten nach oben: Seit 1993 haben die Ozeane oberhalb von 700 Metern ein halbes Watt pro Kubikmeter zusätzlich gespeichert, sagt John Lyman von der Universität von Hawaii. Mit dieser Leistung könnte jeder der 7 Milliarden Menschen auf der Erde 500 Glühbirnen mit je 100 Watt betreiben. Die Temperatur der Meere sei demnach um eineinhalb Grad gestiegen – und dieser Wert entspreche den Prognosen, schreiben Lyman und seine Kollegen. Das Stocken der Erwärmung liege im Rahmen natürlicher Klimaschwankungen, meinen auch Caroline Katsman und Geert Jan van Oldenborgh vom Royal Netherlands Meteorological Institute (KNMI). Die beiden Klimatologen haben die Klimaerwärmung am Computer nachvollzogen: Nach ihren Simulationen zu urteilen haben die Ozeane mehrjährige Erwärmungspausen eingelegt, schreiben die Forscher – die fehlende Wärme sei also nur ein unspektakulärer Durchhänger des Erwärmungstrends. Die Feststellung ist unbefriedigend, widerspricht der Klimaexperte Roger Pielke jr. von der Universität von Colorado in Boulder, USA. Selbst wenn es solche Schwankungen gebe, müsse erklärt werden können, wo die Energie geblieben sei, die durch den verstärkten Treibhauseffekt in der Umwelt stecke.

Die Forscher diskutieren zurzeit vor allem vier Möglichkeiten. Die erste Hypothese besagt, dass sich die Tiefsee aufgeheizt hat. Manche Forscher, etwa eine Forschergruppe um Martin Visbeck vom Leibniz-Institut für Meeresforschung in Kiel (IFM-Geomar), glauben, das Rätsel der »fehlenden Wärme«

sei in Wirklichkeit ein Problem fehlender Messungen: Möglicherweise haben sich die Meere in der Tiefsee aufgeheizt, wo kaum gemessen werden kann. Messbojen liefern nur Daten bis 2000 Meter Tiefe, die Hälfte des Meerwassers liegt jedoch darunter. So bleibt tatsächlich Raum für Spekulationen. Lehrbüchern zufolge dauert der Wärmeaustausch mit der Tiefsee allerdings Jahrhunderte, das macht dieses Szenario problematisch. Außerdem müsste die Wärme durch flacheres Wasser in die Tiefsee transferiert werden, gibt auch Pielke zu bedenken. Warum wird dann aber dort keine Wärmezunahme gemessen?, fragt er. Martin Visbeck kontert, es bestehe einfach noch großer Forschungsbedarf. Auch der Ozeanograf Eberhard Fahrbach vom Alfred-Wegener-Institut (AWI) sagt, dass die Messungen schlicht zu ungenau seien. Insbesondere auf der Südhalbkugel gab es bis 2002 tatsächlich nur spärliche Messungen von sogenannten Wegwerf-Thermografen, die vereinzelt von Schiffen aus ins Wasser geschmissen wurden. Zudem wurden seit 1992 auch Satelliten eingesetzt; diese liefern zwar großflächig Daten, vermessen allerdings nur die Meeresoberfläche.

Die zweite Position nimmt an, dass die Bojen-Messungen falsch sind. Seit 2003 observiert ein Heer von Bojen die Ozeane nahezu flächendeckend – inzwischen dümpeln mehr als 3200 dieser Bojen übers Meer. Es werde wohl noch einige Jahre dauern, bis die Bojen verlässliche Daten liefern, meint der Ozeanforscher Mojib Latíf vom IFM-Geomar. Am Ende würde die Energiebilanz des Klimas dann vermutlich aufgehen.

Forscher einer dritten Option meinen, dass der Energieeintrag der Sonne in die Atmosphäre falsch berechnet wurde. Auch bei den Satellitenmessungen zum Treibhauseffekt gibt es Unsicherheiten, die man berücksichtigen muss, sagt Detlef Stammer, Klimaforscher an der Universität Hamburg. Die Unsicherheiten und Fragezeichen bei der Strahlungsbilanz seien viel größer als bei den Meerestemperaturen, sodass Letztere gar nicht ins

Gewicht fielen. Möglicherweise werde mehr Strahlung ins All zurückgestrahlt als angenommen, sodass sich Luft und Meere weniger stark erwärmten, spekuliert Pielke.

Die vierte und letzte Meinung besagt, dass kurzfristige Klimaschwankungen die »fehlende Wärme« nur vorgaukeln. Da das Klima von Natur aus schwankt, sind kurzfristige Ausschläge nach oben und unten normal. Trenberths Bedenken scheinen jedoch berechtigt. Er meint, dass allen Schwankungen zum Trotz die Strahlungsbilanz auch für kurze Zeiträume korrekt berechnet werden kann.

Das Rätsel der »fehlenden Wärme« bleibt. Solange nicht geklärt sei, wo die zusätzliche Energie geblieben ist, sagt Trenberth, könne man den Daten nicht trauen. Und mit dieser Haltung steht er nicht allein da. »Ich teile diese Einschätzung im Wesentlichen«, so Martin Visbeck vom IFM-Geomar. Die Energiebilanz des Klimas gehe nicht auf. Das Rätsel der »fehlenden Wärme« stürze die Klimatologen wieder mal in ein Dilemma, sagt denn auch Roger Pielke jr. Manche wollten die Unsicherheiten der Forschungsergebnisse nutzen, um die ganze Zunft zu verunglimpfen. Dieser Druck dürfe die Klimatologen jedoch nicht dazu verleiten, die Unsicherheiten zu verschweigen. »Man ist gespalten zwischen dem Bedürfnis, schnell Ergebnisse zu publizieren, und dem Wunsch, die Daten zunächst sorgfältig zu untersuchen«, erklärt Fahrbach. Genaue Messungen brauchen Zeit. Sein Aufruf an die Öffentlichkeit: »Habt Geduld!«

Ausdauer brauchen die Wissenschaftler auch bei einem anderen Rätsel der Meere: Seit Jahrzehnten suchen sie nach riesigen Wasserfällen im Nordatlantik. In mächtigen Strömen soll dort Wasser in die Tiefe rauschen. Doch bisher hat niemand die Giganten beobachtet. Im nächsten Kapitel weisen Forscher erste senkrechte Strudel nach – sind es die Ausläufer der gigantischen Abwärtsflüsse?

7

Megawasserfälle im Atlantik

Mitten im Ozean, zwischen Grönland und Norwegen und vor
Neufundland, sinken Unmengen Wasser von der Oberfläche
senkrecht zu Boden – Tausende Meter tief, glauben Wissenschaftler. Ähnlich dem Abfluss einer Badewanne, so ein unter
Forschern beliebtes Bild, ziehe der Sog 20-mal mehr Wasser in
den Abgrund, als alle Flüsse zusammen ins Meer spülen. Die
Theorie gilt als gesichert – auf ihrer Basis werden Golfstrom und
Klimaprognosen berechnet. Das Problem: Bisher hat niemand
die Giganten beobachtet. Und je länger die Suche dauert, desto
rätselhafter werden sie. »Wo und wie das Wasser absinkt, wissen wir nicht«, sagt der Ozeanograf Jochem Marotzke, Direktor
am Max-Planck-Institut für Meteorologie. Obwohl seit beinahe
100 Jahren Forschungsschiffe in der Region kreuzen, die das
Meer bis zum Grund erkundet haben, und stets Messbojen
im Wasser treiben, konnten Wissenschaftler lediglich winzige
Abwärtsstrudel identifizieren. Allein in der Labradorsee und
vor Grönland soll zusammen 150-mal so viel Wasser absinken,
wie der Amazonas ins Meer spült. Doch gefunden wurden dort
bislang nur Rinnsale. Die senkrechten Strudel seien tatsächlich
»klein und daher nicht wirklich direkt zu messen«, meint der
Hamburger Ozeanograf Detlef Stammer. »Es ist eine Herausforderung, am richtigen Ort zur richtigen Zeit ein Messgerät
zu haben.« Erschwert werde die Fahndung dadurch, dass das

Wasser offenbar nur sporadisch absinkt und die Absinkgebiete sich verlagern, erläutert Stammers Kollege Detlef Quadfasel.

Dass die Abwärtsstrudel so schwer zu finden sind, erscheint kurios, schließlich sollen sie ein Motor sein für den gigantischen Kreislauf des Meerwassers; der Theorie zufolge treiben sie das globale Ozeanförderband an. Zu dieser sogenannten thermohalinen Zirkulation gehört auch der Golfstrom, der in tropischen Regionen entspringt, wo die Sonne das Meer an der Oberfläche aufheizt.

Der Weg aus den Tropen ins Nordmeer ist lang. Angetrieben durch Winde und abgelenkt von der Erdrotation, transportiert der Golfstrom Wasser vom Äquator in Richtung Norden. Mit welcher Geschwindigkeit das Wasser unterwegs ist, verdeutlichen Computersimulationen, denen zufolge eine Flaschenpost von Florida nach Westeuropa mindestens 24 Monate benötigt. In Wirklichkeit brauchen die meisten Flaschen sogar noch deutlich länger, selbst nach zweieinhalb Jahren Seereise dümpeln die meisten irgendwo im Mittelatlantik herum. Das Wasser schiebt sich nicht gleichmäßig wie ein Förderband vom Äquator nach Norden, wie Schulbücher suggerieren. Die Erddrehung zwingt das Wasser zum Kreisen; Wirbel lösen sich aus der Strömung. Der Golfstrom mäandert unentwegt, binnen zwei Wochen kann er sich um Hunderte Kilometer verlagern. Richtung Norden franst die Strömung aus und erlahmt. Ein Teil zweigt nach Süden ab und fließt zurück in Richtung Karibik, das nördliche Golfstromband hingegen fächert sich weiter auf, das Strömungsgeäst trägt nun die Bezeichnung Nordatlantikstrom. Wo genau seine Flüsse verlaufen, ist unklar, aber hier, im nördlichen Nordatlantik, soll es passieren: Das ohnehin schon schwere, salzhaltige Wasser kühlt stark ab, zieht sich dabei zusammen – und gewinnt so weiter an Dichte. Schließlich wird es so schwer, dass es in die Tiefe sinkt. Nahe dem Meeresboden fließt es zurück nach Süden.

Dass es den Golfstrom und seine Ausläufer nach Norden zieht, sorgt für erträgliches Klima in Nord- und Mitteleuropa: Ohne die tropische Wärmeenergie des Meeres, die einer Leistung von 500 000 großen Kernkraftwerken entspricht, herrschten hierzulande sibirische Temperaturen. Auf lange Sicht entscheidet das Meeresförderband über Warm- und Kaltzeiten. Um die Theorie zu bestätigen, legen sich die Forscher regelrecht auf die Lauer; sie wollen die absinkenden Wassermassen entdecken. Von Schiffen aus lassen sie Sonden ins Meer, die Schallwellen aussenden und deren Widerhall registrieren. Absinkendes Wasser dehnt die Schallwellen – so, wie sich der Klang der Sirene ändert, wenn ein Polizeiwagen schnell wegfährt. Die Geräte machen alle zehn Minuten eine Messung; nach spätestens drei Jahren werden sie geborgen. Hin und wieder haben sie kleine Strudel absinkenden Wassers registriert: Schlote von einigen 100 Metern Breite, in denen einzelne Rinnsale mit wenigen Zentimetern pro Sekunde abwärtsrieseln. Plankton wird mit in die Tiefe gezogen, für größere Lebewesen oder Schiffe bestehe keine Gefahr, sagt Quadfasel.»Das sind allerdings alles Angaben, die man aus nur wenigen Messungen abgeleitet hat.«

Um aber den Golfstrom anzutreiben, müssen der herrschenden Theorie zufolge riesige Mengen Wasser absinken. Dass dies wohl tatsächlich geschieht, scheinen ausgerechnet Atombomben zu beweisen: Nukleartests in den 1950er- und 1960er-Jahren hinterließen ihre Spuren im Ozean. Radioaktives Tritium rieselte weltweit auf die Meeresoberfläche, es verriet die Wege des Meerwassers. Der Golfstrom transportierte die Isotope nach Norden, dort wiesen Forscher sie in den Jahren darauf in mehr als 3000 Meter Tiefe nach. Zu Beginn der 1980er-Jahre hatten untermeerische Strömungen das Tritium zurück bis zur Südhalbkugel verfrachtet. Diese Austauschprozesse zwischen den Weltmeeren bestätigten die Theorie von der weltumspannenden Ozeanzirkulation.

Bald erkannte der Ozeanograf Wallace Broecker jedoch, dass die Zirkulation störungsanfällig sein musste: Nur wenige Promille Salz entschieden darüber, ob Europas ozeanische Fernheizung funktioniere. Verdünne zu viel Regen- oder Schmelzwasser den Nordatlantik, fehle dem Wasser das nötige Gewicht zum Absinken; folglich komme der Sog zum Erliegen. Der Kinofilm *The Day After Tomorrow* machte das Szenario 2004 auch unter Laien bekannt: Der versiegende Nordatlantikstrom stürzte Europa in eine Eiszeit. Und tatsächlich schien die Theorie nur ein Jahr später Wirklichkeit zu werden. Der Golfstrom transportiere ein Drittel weniger Wasser nach Norden, warnten britische Forscher in *Nature*. Sie beriefen sich auf Daten von fünf Schiffsexpeditionen zwischen 1957 und 2004, bei denen auf der Höhe der Kanarischen Inseln Strömungen an der Meeresoberfläche vermessen worden waren.

Es war ein Fehlalarm; die Forscher hatten zufällig zu einem ungünstigen Zeitpunkt gemessen. Überprüfungen ergaben, dass die nach Norden strömende Wassermenge stark schwanken kann – am Ende einer Woche kann sie neunmal größer sein als am Anfang. Viele Meereskundler wunderten sich, dass *Nature* die Studie überhaupt publiziert hatte. Die Stichhaltigkeit des Alarms hätte beispielsweise mit Daten aus der Tiefsee überprüft werden müssen. »Man hätte uns ja wenigstens mal anrufen können«, sagt ein Kieler Ozeanograf. Die Posse zeigt, wie lückenhaft die Kenntnisse weiterhin sind. 2007 konstatierten Ozeanologen erneut ein Stocken des Golfstroms, wieder beruhte die Warnung auf indirekten Messungen: Temperaturen und Salzgehalte in unterschiedlichen Wassertiefen hatten sich angeglichen, was ein Stocken glaubhaft machte. Ein dramatisches, verheerendes Szenario schien möglich: Die fortschreitende Erwärmung könnte die Gletscher von Grönland zum Tauen bringen. Da Schmelzwasser leichter als Salzwasser ist, würde es das Meerwasser in der Labradorsee verdünnen, das folglich nicht mehr schwer genug wäre, um abzusinken – der Golfstrom würde versiegen.

Doch das Gegenteil geschah: Ausgerechnet im Winter 2007/2008, als sich die Wassermassen in der Labradorsee bis in eine Tiefe von 2000 Metern vermischt hatten, zeigte sich der Golfstrom-Motor vor Neufundland in Hochform. »Viele unserer Annahmen über den Ozean werden wir überdenken müssen«, resümierte daraufhin Susan Lozier von der Duke Universität in Durham im US-Bundesstaat North Carolina. Es gebe keine Anzeichen für ein Abbremsen des Golfstroms, zog im Frühjahr 2010 auch Josh Willis vom Jet Propulsion Laboratory der NASA Bilanz. Vielmehr habe sich die Strömung seit 1993 sogar um 20 Prozent verstärkt – trotz der Klimaerwärmung. Am Meeresgrund sei die Strömung mit unveränderter Kraft Richtung Süden geflossen, sagt Martin Visbeck vom Leibniz-Institut für Meereswissenschaften in Kiel. Um die Zirkulation aufrechtzuerhalten, müsse massenhaft Wasser in die Tiefe getaucht sein. Wo es hinabgesunken ist, ist aber bis heute unbekannt.

Nicht nur die Tiefe der Ozeane ist rätselhaft, auch ihre Oberfläche: Im Südpazifik ist das Meer auf einer riesigen Fläche monatelang deutlich angeschwollen. Im nächsten Kapitel ergründen Wissenschaftler diesen gigantischen Wasserhügel.

8

Riesiger Wasserhügel im Pazifik

Das Wetter sorgt für Turbulenzen im Meer: Es peitscht Wellen auf, schiebt Strömungen an oder lässt Wasser verdunsten. Die Witterung kann sogar den Meeresspiegel heben – und das großflächig und über einen längeren Zeitraum hinweg: Im Südpazifik ließ ein Hochdruckgebiet den Pegel des Ozeans auf einer Fläche so groß wie Australien um sechs Zentimeter anschwellen – von Oktober 2009 bis Januar 2010. Von einem »Rekord«, einem »außergewöhnlichen Maximum« sprechen Carmen Boening und ihre Kollegen vom California Institute of Technology (Caltech), die den riesigen Wasserhügel per Satellit entdeckt haben. Normalerweise werden witterungsbedingte Meeresspiegelschwankungen von höchstens ein bis zwei Zentimetern festgestellt. »Die beobachtete Änderung ist fünfmal so hoch«, sagt Boening.

Der Wasserhügel ist eine von vielen Entdeckungen, die den sogenannten GRACE-Satelliten und ihrem Nachfolger GOCE, die die Anziehungskraft der Erde messen, zu verdanken sind: Da Orte mit höherer Schwerkraft die Sonden beschleunigen, konnten Forscher ein präzises Kartenwerk der Erdanziehungskraft erstellen. Solche Karten zeigen die Gestalt, die die Erde hätte, wenn sie formbar wäre wie Knetmasse und wenn alle Berge und Ozeanbecken eingeebnet würden. Dann wäre die Erde kartoffelförmig – denn je nachdem, wie stark die Anziehung in einer Region ist, würde die Erdoberfläche verformt: Gebiete mit hoher Anziehung würden sich als Beule bemerkbar machen, dort würden sich die Massen ballen. Dellen hingegen würden Gebiete niedriger Anziehung markieren. Vor allem Gestein im Innern der Erde verursacht die Schwerkraftunterschiede: Je massiger es ist, desto stärker die Anziehungskraft. Auch Bodenschätze, Magma, die Verschiebung der Erdplatten oder Grundwasser verändern die Schwerebeschleunigung. GOCE macht die Schwankungen sichtbar: Seine Sensoren bemerken Unterschiede von einem Millionstel eines Millionstels. Selbst die Kraft eines Regentropfens, der auf ein Containerschiff fällt, wäre messbar, sagen die verantwortlichen Ingenieure. Die neuen Daten sollen vor allem Auskunft über Meeresströmungen geben.

Im Gegensatz zu den starren Kontinenten verformen sich die Meere entsprechend der Schwerkraft. Vor Indien etwa liegt der Meeresspiegel dauerhaft 120 Meter tiefer als normal, die vergleichsweise geringe Anziehung der Erde in der Region verursacht eine weiträumige Delle im Wasser – die Wassermassen zieht es in Gebiete höherer Anziehung. Seefahrer bemerken aber nichts von dem Tal, es erstreckt sich über ein derart großes Gebiet, dass es mit bloßem Auge nicht erkennbar ist. Die Schiffe müssen keine Energie aufbringen, um aus der Delle herauszufahren, weil überall an der Meeresoberfläche das gleiche Schwerepotenzial herrscht. Es müsste überall die gleiche Energie aufgewandt werden, um ein Objekt vom Erdmittelpunkt dorthin zu heben.

Die Verformbarkeit des Wassers sorgt dafür, dass es sich der Schwerkraft anpasst. Kurzfristige Wetteränderungen heben und senken den Meeresspiegel zusätzlich – wie die Entdeckung des Riesenhügels im Pazifik zeigt. Um solche Beulen aufzuspüren, vergleichen Wissenschaftler aktuelle Messungen von GOCE und GRACE mit früheren Karten der Anziehungskraft. Die

Ursache des Riesenhügels entdeckten die Forscher auf einer Wetterkarte: Es herrschte stabiles Hochdruckwetter. Für lange Zeit wehte der Wind immer gleich – gegen den Uhrzeigersinn um das Hochdruckgebiet herum. »Der Wind war ungewöhnlich stark, und er hielt ungewöhnlich lange an«, sagt Boening. Er trieb das Wasser vor sich her, sodass auch die Meeresströmungen stets in die gleiche Richtung um das Hochdruckgebiet herumflossen; die Erddrehung zwang sie dazu, sich im Kreis zu drehen. Im Innern des Kreises staute sich das Wasser, das Meer schwoll um sechs Zentimeter an.

Während solche Meeresspiegelhügel entdeckt und erklärt worden sind, herrscht weiterhin Verwirrung um Objekte im Meer, die mit Satelliten eigentlich leicht zu erkunden sein sollten: Trotz der Späher im All verzeichnen Atlanten noch immer zahlreiche Inseln, die es gar nicht gibt. Im nächsten Kapitel machen sich Naturkundler auf die Spur von Phantominseln. Die Eilande entspringen fehlgeleitetem Entdeckerehrgeiz – oder auch nur der Rumflasche.

9

Inseln der Fantasie

Es ist ein Albtraum für Urlauber – und es könnte jeden treffen: Die Reise zur Trauminsel misslingt, weil das Eiland verschwunden ist. Ein abwegiges Szenario? Keineswegs. Im Golf von Mexiko haben Suchtrupps im Sommer 2009 mit Flugzeugen und Schiffen wochenlang nach Bermeja gefahndet, einer Insel, so groß wie Föhr. Obwohl die Insel auf Seekarten verzeichnet ist, gaben Wissenschaftler der Nationalen Autonomen Universität in Mexiko City das Scheitern der staatlichen Suchmission bekannt. Bei Bermeja handele es sich um eine »Phantominsel«. Womöglich müsse die Seegrenze des Landes nun landwärts verschoben werden, spekulierten einheimische Medien. Mexiko drohe den Anspruch auf Ölfelder im Meeresboden zu verlieren. Weltweit könnte der Fall ebenfalls Folgen haben, sofern er eine globale Inselinventur anregen würde.

Eine systematische Kartierung der abertausend Eilande auf den Weltmeeren steht noch aus. Solch ein Vorhaben könnte die Weltkarten deutlich entrümpeln. Umstritten sind beispielsweise zahlreiche abgelegene Riffinseln im Südpazifik mit klangvollen Namen wie Ernest-Legouvé, Jupiter, Maria-Theresia, Wachusett oder Rangitiki. 27 000 Scheininseln identifizierte ein arabischer Geograf bereits im 12. Jahrhundert. Da war die Zeit der großen Entdeckungen noch gar nicht gekommen. Ende des 15. Jahrhunderts wurde Christoph Kolumbus auf seinen Erkundungsreisen von Phantominseln getäuscht. Der genuesische Abenteurer wagte seine langen Seefahrten auch deshalb, weil er glaubte, unterwegs Inseln anlaufen zu können. Sein erster Hafen wartete angeblich gleich hinter den Kanaren. Auf mittelalterlichen Seekarten machten sich dort zwei Eilande als riesige Rechtecke – größer als Portugal – breit. Spanische Christen hätten die Inseln im 8. Jahrhundert auf der Flucht vor den Mauren besiedelt, berichteten Historiker. Trotz ihrer angeblichen Größe hat aber niemand diese Antillen je gesehen, auch die Flotte von Kolumbus verfehlte sie mehrfach. Der Entdecker benannte schließlich einen karibischen Archipel nach den Scheininseln.

Schiffsreisen machen erfinderisch. Französische Seefahrer waren Anfang des 16. Jahrhunderts im Nebel nahe Neufundland von gruseligem Geschrei vertrieben worden. »Ein unartikuliertes Getöse menschlicher Stimmen« sei zu hören gewesen. Die erschrockenen Seeleute meinten, den Zeitvertreib der Nebelgestalten zu kennen: »Dämonen wetteiferten miteinander darin, zivilisierte Menschen zu quälen«, resümierten sie. Die »Insel der Dämonen« zierte fortan die Seekarten.

Inzwischen scheint klar zu sein, dass kreischende Seevögel die dämonischen Geräusche verursacht haben, vermutlich stammten sie von Tölpelkolonien, berichtet Donald Johnson, ein Inselkundler aus den USA. Ob Alkohol das Urteil der Seemänner trübte, ist nicht überliefert. Die »Dämoneninsel« galt jedenfalls nicht als Schnapsidee, sie blieb bis ins 20. Jahrhundert auf Karten verzeichnet. Allerdings veränderte das Gruseleiland seine Lage. Bald lag es auf Seekarten nahe Irland, später wanderte es in Richtung Amerika. Eine solche Westdrift war typisch für Inseln des Mittelalters – Kartografen verschoben Phantominseln einfach in Regionen, die noch nicht so gut erkundet waren. Manche Eilande dienten schlicht als Füllsel für leeren Raum in den Atlanten; allzu große Meeresregionen ganz ohne Land galten nach damaliger Kenntnis als unmöglich.

Oft verdankten die ominösen Inseln ihre Existenz dem Ehrgeiz und den wirtschaftlichen und politischen Interessen ihrer Erfinder. Die île Philippaux vor der nordamerikanischen Nordostküste etwa wurde von einem Naturkundler nach einem Minister der USA benannt, der die Expeditionen finanziert hatte. Bei Verhandlungen über die Grenzziehung zwischen den USA und Kanada kämpfte die US-Delegation erfolgreich um die Insel, sie wurde im Vertrag von Paris 1783 den USA zugeschlagen. Eine Rohstoffinspektion zu dem Eiland offenbarte schließlich, dass es dort nicht nur keine Bodenschätze, sondern auch keine Insel Philippaux gab.

Noch größer muss die Enttäuschung gewesen sein, als auch der »Ort des Friedens und der Harmonie« sich als Täuschung erwies. Ein Jahrtausend lang wähnten die Iren westlich ihres Landes die Insel Brasil, die keltische Mönche im 6. Jahrhundert entdeckt haben wollten. Dort trügen »alle Pflanzen Blüten, alle Bäume Früchte«, und alle Steine seien »Edelsteine«. Brasil wurde zum Sehnsuchtsort vieler Europäer. Leider umhüllte das Paradies meist Nebel, der sich an nur einem Tag in sieben Jahren hob, wie Mönche zu berichten wussten. Dennoch versuchten irische Seefahrer das Eiland zu finden, manche mit Erfolg. Kapitän John Nisbet aus Killybegs etwa verkündete, dass er Brasil 1674 auf seinem Rückweg von Frankreich erklommen habe. »Der Zauber ist gebrochen«, meldete der Seefahrer ein wenig voreilig. Denn seither blieb Brasil verborgen. 1865 wurde es aus den Atlanten getilgt. Wiederholt bewiesen Mönche, dass Glaube nicht nur Berge versetzen, sondern auch welche erschaffen kann. Am Nordpol erhob sich Klosterbrüdern des 14. Jahrhunderts zufolge die Insel Rupes Nigra, ein angeblich magnetischer schwarzer Fels. Noch 300 Jahre schmückte die Phantominsel die Seekarten.

Aufgeklärte Abenteurer erwiesen sich als nicht minder fantasievoll. Detailliert beschrieb der Leipziger Kaufmann Johann Otto Polter die Insel Kantia, die er in der Karibik entdeckt haben wollte und nach dem Philosophen Immanuel Kant benannt hatte. Von 1884 bis 1909 unternahm Polter auf eigene Kosten vier weitere Expeditionen, um Kantia wiederzufinden – vergeblich. Dennoch honorierte Kaiser Wilhelm II. Polter mit einer Urkunde als Entdecker von Kantia. Ebenso stolz posierte einige Jahrzehnte zuvor der US-amerikanische Kapitän Benjamin Morrell, ein Gemälde von 1832 zeigt ihn als berühmten Entdecker. In Wirklichkeit war er ein großer Schwindler, der den Sponsoren seiner Südseereisen immer schönere Fantasie-Inseln schenkte. Die Eilande überdauerten selbst eine umfangreiche Inventur der Weltkarten im Jahr 1875, der Hunderte anderer Scheininseln zum Opfer gefallen waren.

Die Inselillusionen von Morrell prägten die Weltgeschichte, als Anfang des 20. Jahrhunderts die Datumsgrenze festgelegt wurde. Kartografen bogen die Markierungslinie Hunderte Kilometer weit nach Westen, damit auf Morrells Inseln das gleiche Datum wie in Amerika herrschte. Seefahrer erblickten in der Region jedoch allenfalls eine Fata Morgana. So wurden Historiker doch noch misstrauisch, sie verglichen die Logbücher Morrells mit denen seiner Begleiter – wo kein Wort über die angeblichen Perlen der Südsee zu finden war. Dennoch fanden sich Morrells Scheineilande Byres und Morrell noch in den 1980er-Jahren in den Atlanten von Luftfahrtgesellschaften. Flughäfen waren auf den Inseln aber glücklicherweise nicht verzeichnet.

Nicht immer verschwinden Inseln von Seekarten, zuweilen wachsen neue aus dem Meer. Ein Segler wurde mitten im Pazifik Zeuge, wie vor seinen Augen eine dampfende Vulkaninsel entstand. Ob solche Eilande erhalten bleiben, untersuchen Geologen im nächsten Kapitel.

10

Wie Phoenix aus den Fluten

Man solle nicht an einem Freitag in See stechen, lautet eine alte Seglerweisheit. Der Spruch war das Erste, was Kapitän Fredrik Fransson in den Sinn kam, als er sich mit seiner Jacht *Maiken* am Freitag, den 11. August 2006, mitten im Pazifik in einem kilometerbreiten Teppich schwimmender Bimssteine und Asche gefangen sah. Das schmierige Zeug verstopfte die Kühlung des Schiffsmotors, der zu überhitzen drohte. Noch dazu herrschte Flaute, Fransson und seine Crew waren zum Stillstand gezwungen. In der Abenddämmerung, gerade noch rechtzeitig, gelang es den Seglern, dem Geröllteppich zu entkommen. Am nächsten Morgen entdeckten sie die Quelle der Unbill: eine dampfende Vulkaninsel – an einer Stelle, wo zuvor keine gewesen war. Die Insel musste sich soeben aus dem Meer erhoben haben, erkannte Fransson, denn in der Seekarte war sie nicht verzeichnet. Bis auf zweieinhalb Kilometer hätten sie sich der etwa zwei Kilometer breiten Insel genähert, berichtet Fransson. Aus einem von vier Gipfeln umgebenen Krater schossen Asche und Gestein.

Nachdem das Abenteuer der schwedischen Segler bekannt geworden war, bestätigten Wissenschaftler, dass im Südpazifik nahe Tonga, rund 2000 Kilometer nordöstlich von Neuseeland, tatsächlich eine 1500 Meter breite Insel entstanden war. Die amerikanische Weltraumbehörde NASA veröffentlichte Satellitenbilder, und bald sichteten auch Fischer das Eiland. Die Hoffnung der Segler, als Entdecker die Insel taufen zu dürfen, erfüllte sich nicht – sie hatte bereits einen Namen: Home Reef. Der Vulkan hatte sich bereits mehrfach über die Meeresoberfläche erhoben, zuletzt 1984, er war jedoch jedes Mal nach einigen Monaten von den Fluten wieder abgetragen und verschluckt worden.

Als acht Monate nach der Eruption im März 2007 Bimssteinteppiche an die australische Ostküste trieben – an einem 1300 Kilometer langen Küstenstreifen lasen Wissenschaftler die leichten, schwimmenden Klumpen auf –, war Home Reef bereits deutlich geschrumpft, wie Satellitenbilder zeigten. Die Hoffnung, die Insel würde diesmal den Fluten trotzen und sich wie ihre Nachbarinseln zu einem Tropenparadies entwickeln, zerschlug sich. Dabei hätte Tonga Neuland gut gebrauchen können. Zwar umfasst das Königreich 169 Inseln, insgesamt verfügt es aber nur über die Fläche Hamburgs – wenig für einen Staat, der zu einem Drittel von der Landwirtschaft lebt. Auch als Touristenattraktion käme eine neue Insel gerade recht.

Alle Tonga-Inseln verdanken ihr Dasein dem Vulkanismus: Das Archipel erhebt sich auf der Kante des Tonga-Grabens, einer knapp elf Kilometer tiefen Nahtzone zweier Erdplatten, die im Osten der Inselkette steiler und siebenmal tiefer abfällt als der Grand Canyon. Unter dem Südpazifik ruckelt die Pazifische Erdplatte mit drei Millimetern pro Woche unter die Indisch-Australische, regelmäßig bebt die Erde. Die mit Meerwasser durchtränkte Pazifische Platte wird in der Tiefe unter hohem Druck ausgequetscht und verliert dabei ihr Wasser, es quillt empor, senkt den Schmelzpunkt des Gesteins und bringt deshalb das darüberliegende rund 1000 Grad heiße Gestein zum Schmelzen – so, wie Streusalz den Schmelzpunkt von Eis auf der Straße senkt. Die zähflüssige Masse ist leichter als das umliegende Gestein und steigt auf – untermeerische Vulkane entstehen. Allein im Pazifik gibt es mehr als eine Million.

Wenige dieser Berge wachsen jedoch über die Wasseroberfläche hinaus, sodass Inseln entstehen können. Der Hawaii-Vulkan Mauna Kea beispielsweise ist vom Meeresgrund aus gerechnet mit 10 205 Metern der höchste Berg der Welt, er ragt 4200 Meter über den Meeresspiegel. Auch die Kanaren und Island gehören zu den höheren Vulkaninseln. Das Tonga-Archipel indes ist meist niedriger als 1000 Meter.

Das Ende der meisten jungen Vulkaninseln ist besiegelt, sobald die vulkanische Aktivität nachlässt. Der Magma-Nachschub bricht ab, und die Insel wird vom Ozean ausgewaschen. Unter Wasser wachsen auf den runden Vulkanen dann häufig Korallen. Wie weiße Kronen leuchten diese Atolle im Meer.

Viele Seefahrergeschichten berichten davon, wie Segler zu neu entdeckten Inseln aufbrachen und sie vergeblich suchten. Manches Eiland wurde gar voreilig als Militärstützpunkt in Besitz genommen. Im Sommer 1831 etwa hisste der italienische König Ferdinand II. die Flagge seines Landes auf einer Insel, die sich im Juni des Jahres im Mittelmeer zwischen Afrika und Sizilien erhoben hatte. Doch nur ein halbes Jahr später war Graham Island mitsamt der Nationalflagge versunken. Heute liegt sie 20 Meter unterhalb der Wasseroberfläche.

Manche Insel jedoch hält sich und wird besiedelt. Am 14. November 1963 entdeckte die Besatzung eines Fischkutters 35 Kilometer vor der Südküste Islands einen Glut und Asche speienden Vulkan. Am nächsten Morgen war eine kleine Insel entstanden, die Surtsey getauft wurde. Surtsey wurde zum wissenschaftlichen Sperrgebiet, und Forscher erkundeten fortan, wie das Leben steriles Land erobert. So erlaubt Surtsey auch den Blick in eine mögliche Zukunft von neuen Inseln im Tonga-Reich, sofern sie den Fluten widerstehen können.

Sollten sie Bestand haben, müsste sich ihr Boden in wenigen Jahren verfestigen. Die Verfestigung von Vulkanasche dauert gerade mal 15 und nicht – wie vor der Erforschung Surtseys vermutet – viele 100 Jahre. Auch die weiteren Erkenntnisse auf Surtsey überraschten die Wissenschaftler. Nicht Pflanzen siedelten sich zuerst an, sondern Fleischfresser: Spinnen gelangten auf Treibholz von Island bis zur Insel – ihre Nahrung, Insekten, ebenfalls. Manche Insekten überlebten eine zweiwöchige Reise durch die Fluten. Bevor einfache Pflanzen wie Moose wuchsen, keimte die Salzmiere. Auch ihr Samen trieb im Wasser. Einen Schub lösten die Möwen aus, die sich in den 1980er-Jahren einnisteten. Ihre Exkremente düngten den Boden. Zudem brachten sie in ihrem Gefieder Bodentiere und Pflanzensamen mit. Drei Viertel der Pflanzen gelangten mit den Vögeln auf die Insel. In den Neunzigerjahren schließlich wurden die ersten Regenwürmer und Schnecken gefunden. So hat sich Surtsey langsam in eine grüne Insel verwandelt.

Auch im Tonga-Reich könnten neue Inseln zum grünen Paradies werden, freilich mit tropischer Vegetation. Doch die Freude über den vermeintlichen Landzuwachs hielt sich in Grenzen. Pläne für die neue Insel gab es nicht. Der Grund für die Zurückhaltung sind wahrscheinlich ernüchternde Erfahrungen: In den vergangenen Jahrzehnten verschwanden zahlreiche neue Inseln nach kurzer Zeit wieder im Meer. Bereits 1865 entdeckten europäische Seefahrer die 150 Meter hohe und drei Kilometer breite Falcon-Insel (heute Fonuafo'ou genannt), die seither jedoch immer wieder in den Fluten untertaucht. Und nahe Home Reef brach 1995 für kurze Zeit die Insel Metis Shoal aus dem Meer hervor.

Aller Dynamik zum Trotz würde Home Reef vermutlich keinen Bestand haben, erklärte bereits im August 2006 der örtliche Geologe David Tappin. Der Vulkanismus in Tonga habe sich seit der Entstehung des Archipels geändert, weshalb es neue Inseln schwer hätten, zu überdauern. Vor Jahrmillionen sei mehr Lava als heute und stattdessen weniger Asche und Gestein an die Oberfläche gelangt. Lava festigt die Inseln, während das sogenannte pyroklastische Material, das heute gefördert wird, leicht verwittert. Kapitän Fredrik Fransson sieht die Entwicklung seiner Insel gelassen. Er genießt sein Segelabenteuer. »Denn«, so sagt er, »wer entdeckt schon heute noch eine Insel?« Inzwischen aber soll Home Reef größtenteils versunken sein. Vielleicht bleibt es ja nach dem nächsten Ausbruch als Insel erhalten.

Im Pazifik sorgen nicht nur Vulkane für Überraschungen; die wahre Naturgewalt sind Algen. Sie verändern das Wetter nach ihrem Belieben, wie das nächste Kapitel zeigt. Wird es den Algen zu heiß, lassen sie Wolken Schatten spenden.

11

Algen lassen Wolken sprießen

Ihr würziger Geruch verrät Algen schon von Weitem – sie erzeugen den typischen herben Meeresduft. Zu Abermillionen treiben die Winzlinge im Meer, in großen Ansammlungen wiegen sie mehr als mancher Urwald. Und ihre Menge erklärt ihre immense Wirkung: Die Algen verändern das Wetter. Wird es ihnen zu heiß, lassen sie Wolken entstehen, die Schatten spenden. Das bekommt die ganze Erde zu spüren, denn die Winzlinge verlangsamen die Klimaerwärmung. In manchen Regionen dominieren die Einzeller sogar die Witterung und lassen alle anderen Klimaeinflüsse verblassen. Schon gibt es Überlegungen, die Ozeane mit Eisen zu düngen, um künstliche Algenblüten zu erzeugen und auf diese Weise die Klimaerwärmung weiter zu bremsen.

Bereits 1987 entdeckten Forscher den Einfluss der Algen auf das Wetter. Die sogenannte Claw-Hypothese besagt, dass die Einzeller gleichsam als Thermostat der Erde wirken: Wird es zu heiß, regeln sie die Temperatur nach unten, indem sie Wolken entstehen lassen. Der Algeneffekt gab der Gaia-Theorie Auftrieb, wonach die Erde wie ein lebendiger Organismus seine Gesundheit zu erhalten sucht. Wichtige Eigenschaften des Planeten – etwa der Salzgehalt der Meere, der Sauerstoffanteil der Luft und die Temperatur – schwanken über Jahrmillionen in erstaunlich geringem Maße, als ob der Planet sie reguliere.

Besonders der Klimaeffekt der Algen interessiert die Forschung. In mehr als 2000 Studien wurde versucht, ihn zu berechnen. Wissenschaftler um Aránzazu Lana vom Institut für Meereskunde (CSIC) in Barcelona haben jüngst die bislang umfangreichste Analyse vorgelegt; sie werteten fast 50 000 Messungen aus aller Welt aus. »Es war die heiß ersehnte Aktualisierung der Kenntnisse«, sagt die Klimaforscherin Meike Vogt von der ETH Zürich. Die letzte große Bestandsaufnahme vor elf Jahren verfügte über lediglich 17 000 Messdaten. Ein Ergebnis der aktuellen Studie: »Über den Ozeanen der Südhalbkugel bestimmen die Einzeller das Wettergeschehen stärker als angenommen«, staunt Maurice Levasseur von der Laval Universität in Quebec, Kanada.

Eine Art »Schweiß« der Algen begründet ihre Wirkung: Wird es ihnen zu warm im Wasser, produzieren sie eine Schwefelverbindung namens DMSP. Bakterien wandeln diese in einen Klimawirkstoff um, das sogenannte Dimethylsulfid (DMS). Der Begriff DMS löst bei Wissenschaftlern große Emotionen aus, sie schreiben dem Stoff geradezu magische Kräfte zu. Zunächst steigt das DMS mit der Gischt aus dem Wasser und erzeugt den bei Strandbesuchern geschätzten Meeresduft. In der Luft wandelt sich die Verbindung dann zu Schwefelsäure, die als Saatgut für Wolken fungiert: An den Schwefeltröpfchen sammelt sich Wasserdampf. Je mehr DMS aus den Meeren dampft, desto mehr Wolken bilden sich. Sie blockieren das Sonnenlicht, es wird kühler auf der Erde und im Meer. Und die entstehenden Wolken sind selten Regenwolken, wie Olaf Krüger von der LMU München und Hartmut Graßl vom Max-Planck-Institut für Meteorologie in Hamburg herausgefunden haben. Die Wassertröpfchen, die um die Säurepartikel in der Luft kondensieren, seien so klein, dass sie selten abregneten. So bleiben die Wolken, die die Algen erzeugen, länger bestehen – und spenden Schatten. Wenn daraufhin die Temperaturen fallen, beruhigen sich die Algen wieder: Sie produzieren weniger Schwefelstoffe. Schließlich pendelt sich das Wetter bei einer Temperatur ein, die den Algen behagt – so die Claw-Theorie.

Im Südpazifik scheint es tatsächlich so abzulaufen. Die Region ist eine Art Wohnzimmer der Algen, dort bestimmen sie die Verhältnisse. Hier stammten die meiste Wolkenkeime in der Luft von den Einzellern, berichten Lana und Kollegen. Die DMS-Menge in der Luft zeige über dem Südpazifik im Grunde den Fingerabdruck der Algen, bestätigt Matthew Woodhouse von der Universität von Leeds, Großbritannien: In der Hitze des Sommers sammelt sich zunehmend DMS in der Luft, im Winter sinkt die Menge rapide. Die Kühlwirkung der von Algen gemachten Wolken dürfte den neuen Daten zufolge stärker ausfallen als bisher vermutet. Über dem Südpazifik könnten die Einzeller demnach sogar die vom Menschen verursachte Klimaerwärmung neutralisieren – so viele Wolkenkeime driften dort herum.

Doch die globale Klimawirkung der Algen scheint beschränkt. »DMS ist kein zentraler Antrieb des Weltklimas«, sagt Meike Vogt. Über besiedelten Gebieten übertreffen die Schwefelabgase der Industrie die Ausdünstungen der Algen bei Weitem. Und die vom Menschen erzeugten Treibhausgase wirken offenbar noch stärker. Trotz ihrer wichtigen Rolle bei der Wolkenbildung schwächen die DMS-Partikel die Sonnenstrahlung auf der gesamten Erde konstant um lediglich 0,04 Watt pro Quadratmeter. Dieser Effekt wird von Treibhausgasen aus Autos, Fabriken oder Heizungen schon nach drei Jahren übertroffen: Pro Jahr erwärmen vom Menschen erzeugte Treibhausgase nach Schätzungen des UN-Klimarats die bodennahe Luft um 0,02 Watt pro Quadratmeter. Dagegen können anscheinend auch die Algen nicht ankommen. Zwar steigern Algen bei Erwärmung ihren Sulfatausstoß, sodass vermehrt Wolken entstehen könnten. Doch eine Verdopplung der DMS-Menge binnen drei Jahren, um die CO_2-Zunahme auszugleichen, erscheint angesichts der neuen Daten unrealistisch. Die Wirkung von DMS auf das Klima falle global demnach kaum ins Gewicht, meint Woodhouse.

Gleichwohl: Die neuen Studien haben die kühlende Klimawirkung der Algen bestätigt – und damit die Claw-Theorie. Und die Algen sind womöglich noch für weitere Überraschungen gut: Vor allem nahe den Polen würden Algen ihre Kühlwirkung künftig wohl verstärkt entfalten, berichten Forscher um Philip Cameron-Smith vom Lawrence Livermore National Laboratory in Kalifornien. Tauendes Meereis schaffe neuen Lebensraum für die Einzeller. Dadurch könnte sich die DMS-Menge in der Luft in hohen südlichen Breiten mehr als verdoppeln, haben Cameron-Smith und seine Kollegen berechnet. Erste Anzeichen für eine deutlich erhöhte DMS-Produktion gebe es auch im Nordatlantik, berichtet Woodhouse. Möglicherweise werden die winzigen Klimamacher doch noch verstärkt gegen die Klimaerwärmung einschreiten – bevor es auch für sie unerträglich heiß wird und die Wolkenbildung kaum mehr nützt.

Neben Säureteilchen entfalten noch andere winzige Partikel in der Luft eine immense Wirkung – sie kommen aus einem Saharatal: Über einem ausgetrockneten Seebett beschleunigt der Wind wie in einer Düse – und weht aufgewirbelten Sand bis nach Südamerika. Dort lässt der Wüstenstaub die Baumriesen des Regenwaldes wachsen. Im nächsten Kapitel erforschen Geologen die düngende Fernwirkung der Wüste – die auch Deutschland zu spüren bekommt.

12

Die Sahara überm Ozean

Die staubigste Region der Erde hat eine feuchte Vergangenheit. Abermillionen Algenschalen und Minerale bedecken die Bodélé-Niederung in der Sahara, das Becken eines ausgetrockneten Sees, der einst die Ausmaße der Großen Seen Nordamerikas besaß. Früher nährte das Gewässer die Tiere und Pflanzen Zentralafrikas – heute düngen seine Relikte den Regenwald Südamerikas: Winde tragen den nährstoffreichen Staub über den Atlantik. In der Bodélé-Niederung beschleunigt der Wind zwischen zwei Gebirgszügen wie in einer Düse – sie gilt als größtes Staubgebläse der Erde. Der Staub weht bis in den Amazonasdschungel, wo die Algengehäuse aus Afrika riesige Bäume düngen.

Unter widrigen Bedingungen haben jüngst Forscher um Charlie Bristow vom Birkbeck College in London den Ursprungsort vieler Amazonaspflanzen in der Sahara untersucht: »Ich habe in allen Wüsten gearbeitet, in der Bodélé-Niederung war es am schlimmsten«, berichtet Bristow. »Der Staub kriecht überall hinein, man ist vollkommen mit Staub überzogen, man kann kaum essen, geschweige denn etwas sehen.« In den vergangenen 1000 Jahren haben Stürme bereits vier Meter des ehemaligen Seegrunds abgeschmirgelt.

Die Forscher nahmen 28 sorgfältig ausgewählte Staubproben und wunderten sich vor allem über die großen Mengen an

65

Phosphor und Eisen. An diesen beiden Mineralen mangelt es jenseits des Atlantiks besonders. Der Amazonasdschungel sei quasi abhängig vom afrikanischen Staubgebläse, sagt Bristow. Zwar bedecke die Bodélé nur ein Fünfhundertstel der Sahara, sie liefere aber etwa die Hälfte des Staubs, der den Regenwald im Amazonas düngt. »Selbst auf Hawaii, einem der staubärmsten Orte der Welt, ist der Phosphor nachweisbar, der mit afrikanischem Staub dorthin gelangt«, so Oliver Chadwick, Atmosphärenforscher an der Universität von Kalifornien in Santa Barbara. Etwa zehn Tage dauert es, bis der Dünger aus der Bodélé-Niederung den Amazonas erreicht, berichten Forscher um Yuval Ben-Ami vom Weizmann Institute of Science in Israel. Ein Großteil des Staubs fege direkt übers Meer.

Diesen Umstand nutzten bereits die Pioniere der Staubforschung. Der Seefahrer Robert James geriet am 7. März 1838 auf dem Atlantik in einen Saharawind. Geistesgegenwärtig hängte er ein nasses Handtuch an den Mast, rieb den Staub später ab und sammelte ihn in einer Schachtel. Wieder an Land, sandte er die Probe an den Naturkundler Charles Darwin. Dieser historische Staub ist nun von Forschern um Anna Gorbushina von der Universität Oldenburg untersucht worden. Er stamme tatsächlich aus der Bodélé-Niederung in der Sahara, berichtet sie. Demnach war er 4000 Kilometer unterwegs, bevor er ins Handtuch von Robert James geriet. Allerdings fand Gorbushina in den historischen Proben zusätzlich Pilze und Bakterien.

Neue Forschungen bestätigen, dass auch Krankheitskeime »huckepack auf dem Staub« über den Atlantik gelangen. Die Krankheitserreger hätten zum Rückgang der Korallen beigetragen, meint Gene Shinn vom Geologischen Dienst der USA (USGS). Möglicherweise sei der Saharastaub auch dafür verantwortlich, dass in der Karibik vermehrt Menschen an Asthma erkranken. Die Staubstürme aus der Bodélé-Niederung landen nicht nur am Amazonas. Im Sommer düngten die nährstoffreichen Winde vor allem die Karibik, berichtet Joseph Prospero von der Universität von Miami, Florida. Ein Großteil der oberen Erdschichten der Karibikinseln bestehe aus Saharastaub.

Etwa neunmal im Jahr schwebt der Wüstensand auch nach Norden und gelangt nach Deutschland. Er lässt den Himmel milchig schimmern, knallrote Sonnenuntergänge sind zu sehen, und »Blutregen« fällt: Er hinterlässt einen Staubfilm, der auf Autodächern rotbraun schimmert – körnige Grüße aus der Sahara.

Winde ganz anderer Art ergründen Geologen im nächsten Kapitel: Anhand von Dämpfen aus der Erde haben griechische Priesterinnen im Altertum die Zukunft vorausgesagt. Die heiligen Damen waren offenbar weder bekifft noch von berauschenden Erdgasen umnebelt – ihre Weisheit erlangten sie auf anderem Wege.

13

Die Abgase von Delphi

Bevor es gegen die Perser zu Felde ging, wollte es König Krösus genau wissen. Der Herrscher von Lydien in der heutigen Ost-türkei schickte 550 vor Christus Gesandte nach Griechenland, um im Apollontempel das Orakel von Delphi zu befragen. Dort saß die Priesterin auf einem Dreifuß in einer engen, verschlos-senen Kammer, dem Adyton, und aus einer Erdspalte quoll süßlicher Dunst. Von den Gasen umhüllt, sprach sie Unver-ständliches, das die assistierenden Orakelpriester übersetzten: »Wenn Krösus den Grenzfluss Halys überschreitet, wird er ein großes Reich zerstören.« Siegesgewiss zog der König in die Schlacht. Sein Heer ging unter – zu spät erkannte er die Mehrdeutigkeit der Weissagung: Er hatte sein eigenes Reich vernichtet.

Trotz derartiger Verständnisprobleme sind über Jahrhun-derte hinweg Menschen nach Delphi gepilgert, um das Orakel zu hören. Ihre Weisheit müssen die Pythien, wie die Priesterinnen genannt wurden, offenbar in einer Art Rauschzustand erlangt haben. So berichtete der griechische Schriftsteller Plutarch im 1. Jahrhundert nach Christus ebenso wie andere zeitgenössische Quellen, halluzinogene Dämpfe seien aus dem Boden gestie-gen. Nach vielen Jahren halbgarer Erklärungsversuche haben Geologen 2006 eine glaubhafte und vergleichsweise nüchterne Erklärung für die Natur dieser Dämpfe veröffentlicht. Demnach war es kein Rauschmittel, das die antiken Priesterinnen zum Orakeln anregte, sondern simple Atemnot.

Es war eine Sensation, als Archäologen Ende des 19. Jahrhunderts unter einem Bauerndorf nahe der Stadt Delphi in Griechenland an einem Hang des Berges Parnassos den Apollontempel ausgruben: Eine rechtwinklige Anlage aus Säulengängen, Statuen und Mauern kam zum Vorschein. Einen dampfenden Erdspalt indes suchten die Forscher an der ehemaligen Stätte des Orakels vergebens. Aus dem festen Steinboden hatten unmöglich Gase entweichen können, zumal es keine vulkanische Aktivität in der Gegend gibt. Hatten die Orakelpriester Kräuter verbrannt? Pflanzliche Rauschmittel, wie sie seinerzeit populär waren?

Die Geschichte vom süßen Dunst aus der Erde wurde mehr und mehr zur Legende – bis der italienische Forscher Luigi Piccardi im Jahr 2000 im Untergrund bei Delphi eine aktive Erdbebennaht fand. Zwei solcher Brüche kreuzten sich sogar bei Delphi, verkündete 2001 eine Gruppe um Jelle de Boer von der Wesleyan Universität in Middletown, USA. Möglicherweise schnitten sich die Verwerfungen direkt unter dem Tempel. Die Bewegung der Gesteinsschollen habe den Kalksteinboden zerrüttet, sodass Grundwasser und Gase aufströmen konnten.

Tatsächlich sprudeln noch heute zwei Wasserquellen am Tempel. Sie speisen sich vermutlich aus größerer Tiefe. De Boer und Kollegen fanden in den Quellen die Gase Methan, Ethan und Ethylen. Der Schlüssel zur Erklärung des Orakels schien gefunden zu sein. Denn Ethylendämpfe passen zu den historischen Beschreibungen: Sie duften süßlich, machen benommen und schließlich euphorisch. Im Übermaß sind sie tödlich, was ebenfalls zu dem überlieferten Schicksal einer Priesterin passt. Ethylen war das Rauschmittel der Pythien. Das aus Kohlenstoff und Wasserstoff gebaute Molekül sei aus Bitumenschichten gelöst worden, die im Untergrund gefunden worden waren. Bitumen – auch »Erdpech« genannt – ist eine klebrige, erdölähnliche Substanz. Seismische Reibung der Erdbebennähte habe den Schmierstoff verdampfen lassen, erklärte de Boer. Die frei gewordenen Kohlenwasserstoffe seien mit Grundwasser an die Oberfläche getrieben.

Auch in der Tempelruine fanden die Forscher Spuren brausender Quellen. Dass einst in der Anlage Wasser floss, berichtete bereits der griechische Dichter Pausanias vor mehr als 2000 Jahren. Tatsächlich entdeckten de Boer und Kollegen an einer Mauer weißgelben Travertin-Kalk, der sich aus Quellwässern abgeschieden hat. Die Arbeitsbedingungen der Pythien scheinen hervorragend gewesen zu sein: Die näher am ehemaligen Adyton gelegene, heute noch aktive Quelle enthält deutlich mehr Ethylen als die andere – die Gaswolken seien nahe dem Dienstraum der Seherinnen mithin intensiver gewesen, folgerten die Forscher. Zumal vor 2000 Jahren vermutlich größere Ethylenschwaden aus der Tiefe entwichen seien als heute.

Alles schien zu passen, das Rätsel des Orakels gelöst. Doch eine italienisch-griechische Forschergruppe um Giuseppe Etiope vom Nationalen Institut für Geophysik und Vulkanologie in Rom hat den Untergrund des Apollontempels noch genauer untersucht – und die bisherige Erklärung verworfen. Ethylen komme als Narkotikum nicht infrage. Der flüchtige Stoff, der sich schnell mit anderen verbindet, habe sich zu keiner Zeit wirksam anreichern können. Die von der De-Boer-Gruppe gemessenen Ethylenspuren stammten nicht aus der Tiefe, sondern von Bakterien nahe der Oberfläche, schreiben Etiope und seine Kollegen. Die mageren Ausdünstungen könnten kaum in die Nase eindringen, geschweige denn berauschen. Gleichwohl seien dem Boden einst ansehnliche Schwaden von Kohlenwasserstoff entfleucht, bestätigen die Forscher – das sei aus dem Travertin-Kalk zu lesen. Der sei jedoch aus den vergleichsweise simplen Erdgasen Methan und Ethan entstanden. Dichte Wolken dieser Gase und auch Kohlendioxid seien aus Rissen unter der Orakelkammer gequollen und hätten die Priesterinnen berauscht, mutmaßen die Experten, zumal die Sauerstoffarmut in dem geschlossenen, engen Raum Halluzinationen ausgelöst habe.

Tatsächlich haben die Forscher ausgerechnet dort, wo nach Meinung von Archäologen das Adyton lag, stark erhöhte Methan-Werte im Boden gemessen. Der Effekt sei möglicherweise dadurch verstärkt worden, dass Kohle oder Kräuteressenzen verbrannt wurden. Für den süßen Geruch hätten aromatische Kohlenwasserstoffe wie Benzol gesorgt, die aus den Bitumenschichten im Untergrund stammen. Noch heute blubbert dort viel Kohlendioxid, Ethan und Methan. Darüber, wie die Substanzen nach oben gelangen konnten, herrscht Einigkeit unter den Forschergruppen: Ursache seien die vergleichsweise hohen Erdtemperaturen unter dem Tempel, bei denen sich Kohlenwasserstoffe aus dem Bitumen lösten. Eine aktive Erdbebenspalte direkt unter dem Apollontempel halte den Boden durchlässig.

Auch der allerletzte Orakelspruch von Delphi könnte geologisch begründet gewesen sein. Dieses Orakel soll eine Pythia 362 nach Christus dem Arzt Oribasius erteilt haben, der im Auftrag des römischen Kaisers Julian Apostata Rat suchte. Der Kaiser versuchte das Christentum aufzuhalten und wollte von der Pythia wissen, ob heidnische Kulte wie das Orakel eine Zukunft hätten. Die Pythia soll dem Arzt gesagt haben: »Künde dem König, das schön gefügte Haus ist gefallen. Phoibos Apollon besitzt keine Zuflucht mehr, der heilige Lorbeer verwelkt, seine Quellen schweigen für immer, verstummt ist das Murmeln des Wassers.« Etwa zu jener Zeit muss also die dampfende Erdspalte im Adyton versiegt sein.

Ähnlich wie das Orakel von Delphi erregt die Geschichte von Atlantis unsere Fantasie. Vieles spricht dafür, dass es das Land, von dem der Philosoph Platon vor rund 2500 Jahren berichtete, tatsächlich gegeben hat. Doch angebliche Atlantis-Ortungen widersprechen sich: Im Mittelmeer, in Irland, Indien und in der Antarktis vermuten Entdecker im nächsten Kapitel die versunkene Stadt – manche von ihnen haben sogar Indizien.

14

Überall Atlantis

17 Jahre hatte sich Ronnie Alonzo auf diesen Moment vorbereitet. Mit neuen Erkenntnissen über die sagenumwobene Insel Atlantis ausgestattet, war er von seinem Heimatort auf den Philippinen zur »Atlantis-Konferenz« auf die griechische Insel Milos gereist. Dort präsentierte der Hobbyforscher dem staunenden Auditorium einen Stein, den er bei einer Wanderung in seiner Heimat gefunden hatte. Der Stein enthalte die Botschaft eines antiken Volkes, erklärte Alonzo. Nach Berichten von Teilnehmern legte er den Stein bei seinem Vortrag auf eine geologische Weltkarte und richtete ihn so aus, dass eine Maserung im Stein mit einer Erdbebenlinie der Karte zur Deckung kam. Entlang dieser Linie habe sich Atlantis von Island über Großbritannien bis zu den Kanarischen Inseln erstreckt. Verblüffung im Publikum über die dürre These, dann eine hilflose Frage: Woher Alonzo wisse, wie herum der Stein gehöre? Der Philippiner lächelte und erklärte den Vortrag für beendet – eine Antwort hatte er offensichtlich nicht.

Die Episode zeigt: Ebenso faszinierend wie der Untergang von Atlantis ist der Untergang von Atlantis-Theorien – das konnte man auf Milos vielfach beobachten. Atlantis-Freunde, Naturwissenschaftler und Philosophen aus der ganzen Welt hatten sich versammelt und tischten 48 neue Erklärungen auf, von denen nur manche plausibel klangen, die aber alle unbewiesen blieben. Ihre Urheber hatten teure Reisen unternommen in der Hoffnung, so berühmt zu werden wie Heinrich Schliemann nach der Entdeckung Trojas. Doch wenn überhaupt, können sich nur zwei Deutsche Hoffnung auf Ruhm und Anerkennung machen.

Vieles spricht dafür, dass die von Platon in Umlauf gebrachte Geschichte des paradiesischen Atlantis keine Schnurre ist. Detailgenau wie in einem Reiseführer beschreibt er in den Dialogen *Timaios* und *Kritias* jenen idealen Staat, der vor rund 11 500 Jahren binnen Tagesfrist versunken sein soll. In der ganzen Welt wurde nach den Überresten gesucht, tausendfach ihre Entdeckung vermeldet. Auch die Tagungsteilnehmer nahmen zunächst die bei Atlantis-Freunden unter Generalverdacht stehende Meeresenge von Gibraltar ins Visier. Denn »vor den Säulen des Herakles« – mutmaßlich die Felsen beiderseits der Passage – soll nach Platon Atlantis gelegen haben.

Zwar hatten dort bereits 1984 sowjetische U-Boote vergeblich gefahndet, der französische Geologe Jacques Collina-Girard von der Universität Aix-Marseille meinte jedoch die vor Gibraltar gelegenen untermeerischen Spartel-Inseln als Atlantis identifiziert zu haben. Sie seien bei einem rasanten Anstieg des Meeres zur fraglichen Zeit versunken. Doch dann trat der Geologe Marc-André Gutscher von der Universität Brest aufs Podium. Er zeigte in einer Animation, wie das Wasser vor Gibraltar gestiegen war, nachdem die Eiszeit zu Ende gegangen war. Von der Spartel-Insel-Theorie seines Kollegen aus der Provence blieb nicht viel übrig: Vor 11 500 Jahren ragte vor Gibraltar keineswegs ein Inselreich aus dem Wasser, lediglich zwei Felsspitzen waren zu sehen. Damit ganze Inseln über Wasser gelegen haben könnten, hätte der Meeresgrund damals rund 40 Meter höher als heute gelegen haben müssen. Aber dass sich der Boden seither so stark abgesenkt habe, sei nur mit mehreren äußerst starken Erdbeben zu erklären, sagte Gutscher.

Achtmal hätte die Region von Erdstößen wie von jenem 1755 bei Lissabon erschüttert werden müssen, rechnete er vor: Bei dem Beben, das die Stadt zerstörte, sackte der Grund in der Region tatsächlich um einige Meter ab. Allein es fehlen die Belege für sieben weitere Beben. Zudem wurden weder auf dem Meeresboden noch an den Küsten Spuren einer steinzeitlichen Hochkultur gefunden.

Ähnliche Höhenprobleme plagen die Theorie von Axel Hausmann von der RWTH Aachen. Atlantis, behauptete der Physiker, sei identisch mit einem Plateau zwischen Malta und Sizilien. Ähnliche, rund 6000 Jahre alte Bauten auf beiden Inseln wiesen auf diese Landverbindung hin. Legte man die altägyptische und nicht die griechische Zeitrechnung zugrunde, entspräche das Szenario auch Platons Überlieferung. Einziger Schönheitsfehler: Das betreffende Plateau lag damals unter Wasser. Aber vielleicht kam es den Teilnehmern auf derartige Details gar nicht an, sondern ausschließlich darauf, den Zauber vom versunkenen Inselreich zu beleben. Wie sonst ist es zu erklären, dass sie selbst den abstrusesten Theorien freundlich lauschten. Ein Hobbyforscher vermutete Atlantis unter dem seit Jahrmillionen bestehenden Eispanzer der Antarktis, ein anderer in Südindien, weil die Griechen wichtige Erkenntnisse einer indischen Hochkultur importiert hätten. Ein weiterer Vortragender verglich die Daten aus Platons Texten mit den Maßen aller Inseln der Erde und stellte fest, dass die Angaben nur auf eine zuträfen: auf Irland. Dass Irland nicht versunken ist, scheint nebensächlich. Das unterstrich ein chilenischer Teilnehmer, der in seinem Vortrag feststellte: »Atlantis war Israel.«

Wenig verwunderlich also, dass auch die nur bedingt ironisch gemeinte Theorie kursierte, die DDR sei Atlantis gewesen. Die These kommt Platons Idee sogar recht nahe, folgt man Yair Schlein von der Open Universität in Israel. Der Philosoph deutete die Geschichte als Gleichnis, mit dem Platon zeigen wollte, dass in jedem Gemeinwesen der Keim des Niedergangs angelegt ist. Das »selbst-zerstörerische Wesen von Atlantis« lasse sich auch bei bestimmten Personen erkennen, erläuterte Schlein – und bei Atlantis-Theorien muss man wohl hinzufügen, sie waren bisher fast alle dem Untergang geweiht.

Allerdings gibt es womöglich eine Ausnahme: Die Hamburger Wirtschaftswissenschaftler Siegfried und Christian Schoppe vermuten, Atlantis habe an der Nordküste des Schwarzen Meeres gelegen und sei vor 7500 Jahren vom rasant ansteigenden Meer verschluckt worden. Seinerzeit lag das Schwarze Meer 130 Meter tiefer als heute, bis Wasser aus dem Marmarameer hineinströmte und rund 100 000 Quadratkilometer Ackerland – das entspricht gut einem Viertel der Fläche Deutschlands – in kürzester Zeit überschwemmte. Tatsächlich meint der Meeresgeologe Robert Ballard im Schwarzen Meer in rund 100 Meter Tiefe Überreste steinzeitlicher Siedlungen entdeckt zu haben – ein Beweis, dass Menschen vom Wasser vertrieben wurden. Die Flut führte dazu, vermuten Siegfried und Christian Schoppe, dass sich die indoeuropäischen Sprachen von der Schwarzmeerküste aus in alle Richtungen ausbreiteten. Atlantis habe demnach am einstigen gemeinsamen Delta der Flüsse Bug, Dnjepr und Dnjestr gelegen. Die Fakten aus Platons Geschichte passten zum Fundort ebenso wie die Zeit – nach altägyptischer Rechnung. »Nur das Ortsschild haben wir noch nicht geborgen«, sagt Siegfried Schoppe. Die Deutschen haben derzeit die besten Chancen, in Schliemanns Spuren zu treten. Doch womöglich hatte der das große Vorbild Atlantis bereits selbst entdeckt. Einer der wenigen robusten Atlantis-Theorien zufolge ist die versunkene Stadt nämlich gleichbedeutend mit Troja.

Vielleicht aber ist auch alles ein großes Missverständnis. Der Philosoph Amihud Gilead von der Universität Haifa jedenfalls sticht eine Nadel in den Atlantis-Ballon. Atlantis sei ein Sinnbild Platons dafür, dass die Erkenntnis der Wahrheit unmöglich

ist. Die aufreibende Suche nach der versunkenen Stadt untermauert diesen Gedanken eindrucksvoll.

Auch ein anderes Mysterium der Geologie wurde zunächst
ins Reich der Legenden verbannt: Doch im nächsten Kapitel
wird bewiesen, dass im Tal des Todes in Kalifornien tatsächlich mächtige Felsen über den Wüstenboden streunen, manche
schneller als Fußgänger. Noch immer rätseln Wissenschaftler:
Was treibt die Felsen an?

15

Das Geheimnis der streunenden Felsen

Mysteriös wie auf einem anderen Planeten gehe es im Tal des Todes zu, staunt NASA-Forscher Brian Jackson. Über den Wüstenboden streunen zentnerschwere Felsbrocken. Seit Jahrzehnten rätseln Wissenschaftler, was die Steine antreibt. Kein Mensch hat die Felsen je in Bewegung gesehen. Aufnahmen mit fest installierten Kameras sind in dem Nationalpark verboten. Doch Hunderte Meter lange Schleifspuren hinter den Brocken künden von den Streifzügen über den »Racetrack-Playa« (auf Deutsch etwa »Rennbahnebene«).

Schon seit 1948 wird das Rätsel untersucht, zuletzt versuchten sich NASA-Forscher um Jackson an einer Lösung. Wissenschaftler wurden so vertraut mit den vagabundierenden Klumpen, dass sie ihnen Namen gaben: »Karen« ist mit 320 Kilogramm einer der dicksten Brocken, sie schaffte in einem Monat nur 18 Meter. »Diane« hingegen zieht es in die Ferne, sie legte in der gleichen Zeit 880 Meter zurück. Gewöhnlich aber hat die Gestalt eines Steins keine Wirkung auf seine Bewegung: Forscher haben ermittelt, dass weder seine Größe noch sein Gewicht noch die Geländeeigenschaften einen Einfluss darauf haben, wie wendig und wie umtriebig ein Felsen ist.

Jeder Stein führt ein Eigenleben. Einige Steine wandern paarweise, ihre kurvigen Furchen verlaufen parallel. Die meisten Felsen streunen bergauf, wenige bergab. Die Steigung ist allerdings minimal, nicht mal ein Zentimeter pro Kilometer Strecke. Viele hinterlassen Zickzackbahnen auf der nahezu planen Wüstenebene. Und vor manchen Spuren fehlen die Steine. Offenbar pflügen manche Brocken regelrecht durch den Sand; sie treiben Bugwellen vor sich her, werfen kleine Sanddünen auf. Matschspritzer lassen darauf schließen, dass die Steine sieben Kilometer pro Stunde erreichen, so die Ansicht der Forscher. Die Felsen würden also Fußgänger überholen. Spaßvögel wollten schon Schilder aufstellen: »Achtung: Umherziehende Steine!«

Eine der größten Forschungskampagnen startete im Sommer 2010, als 17 Wissenschaftler und Studenten unter Leitung von NASA-Forschern in die lebensfeindliche Salz- und Sandebene in Kalifornien reisten. Und als ob das Phänomen nicht schon kurios genug wäre, beteiligten sich an der Expedition ausgerechnet Wissenschaftler der Slippery Rock Universität in Pennsylvania – auf Deutsch würde diese Rutschiger-Fels-Universität genannt. Die Forscher erhielten die Ausnahmegenehmigung, im Nationalpark zu übernachten. »Es war aufregend wie eine Schatzsuche«, erzählte Justin Wilde von der Universität von Wyoming. Doch Expeditionen in die Einöde sind nicht nur abenteuerlich, sondern auch beschwerlich. Messerscharfe Kiesel lassen die Reifen der Autos platzen. Sengende Sonne brennt unerbittlich auf die viereinhalb Kilometer lange und 2,2 Kilometer breite Steine-Rennbahn, ein Hochplateau, das von einer bis zu 3300 Meter hohen Bergkette gesäumt wird. Wetterextreme machen den Forschern zu schaffen. Im Sommer schwitzen sie bei mehr als 50 Grad im Schatten, im Winter frieren sie in Schneestürmen. Starkregen flutet ihre Zelte, Windböen fegen sie weg.

Als einer der ersten Wissenschaftler kampierte im März 1952 der Geoforscher Thomas Clement auf dem Hochplateau. Er hoffte, die Felsbrocken auf ihren Streifzügen zu ertappen.

Doch schwere Stürme und heftiger Regen trieben ihn ins Zelt. Erst bei Sonnenaufgang blickte Clement wieder hinaus, das Zelt hatte dem Unwetter leicht lädiert standgehalten. Frische Furchen bahnten sich ihre Wege im Sand – die Steine hatten sich bewegt. Den entscheidenden Moment hatte Clement jedoch verpasst. War der starke Sturm für die Felsenbewegungen verantwortlich?, fragte er sich. Um die größeren Felsen durch den Sand zu schieben, wären allerdings Windgeschwindigkeiten von 800 Kilometern pro Stunde erforderlich gewesen – so stark blasen selbst die heftigsten Hurrikane nicht.

Doch Clement machte an jenem Morgen eine wichtige Entdeckung: Glitschiger Wasserfilm bedeckte die Ebene. Offenbar diente der Regen den Steinen als Schmiermittel. Aber warum, so fragte er sich, verliefen viele Steinspuren vollkommen parallel, als seien die Klötze im Verbund gewandert? Und warum führten die Bahnen anderer benachbarter Steine in gegensätzliche Richtungen, wo der Wind doch nur aus einer Richtung kommen kann? Einige Steine hinterließen gar Kreisbahnen, als wären sie in eine Windhose geraten. Noch heute glauben Forscher, dass der mitunter starke Nordostwind eine Rolle spielt, der sich in einem Tal im Südwesten der Steine-Rennbahn nochmals beschleunige wie in einer Düse. Die meisten Schleifspuren lägen in der Hauptwindrichtung, sie führten von Südwest nach Nordost, bestätigt die Geologin Paula Messina von der San Jose State Universität, die die wandernden Felsen seit 1993 erforscht. Doch seltsam bleibt, dass zahlreiche Steinspuren gen Süden und Osten verlaufen, andere im Zickzack und andere im Kreis.

Wilde Theorien trieben in den letzten Jahrzehnten Blüten: Außer den unvermeidlichen Außerirdischen wurden Tiere verdächtigt, die Steine zu bewegen. Oder erlaubten sich gar schelmische Mexikaner einen Streich, wie Touristen unkten? Nein, Hilfestellende hätten schließlich Spuren im Sand hinterlassen müssen, sagen Wissenschaftler. Sie selbst verdächtigten bereits Erdbeben, Magnetismus, erhöhte Schwerkraft und Wasserströme – doch Messungen ließen all diese Theorien sterben. Immer neue Versuche wurden unternommen, das Geheimnis der Steinvagabunden zu lüften. Um zu ergründen, ob die Brocken im Verbund wandern, banden Forscher mehrere Exemplare zusammen und versuchten sie zu schieben – es misslang. Ein Geologe bastelte einen Propeller, der starken Wind erzeugt. Zusätzlich setzte er den Boden unter Wasser. Indes: Die Steine rührten sich nicht.

Einen Schritt weiter ging Paula Messina, sie hat die streunenden Felsen untersucht – sie erwiesen sich als ganz normales Dolomitgestein ohne Besonderheiten, das vom umliegenden Gebirge abgebröckelt war. Auf der Rennebene jedoch stellte die Geologin manche Eigenheiten fest: Der Boden besteht aus unterschiedlichen Milieus; Regen schwemmt schmierigen Ton von den Bergen, er gelangt aber nicht überallhin. Messina entdeckte auch vereinzelte Bakterienmatten auf der Ebene, die bei Regen ebenfalls glitschig werden. Wahrscheinlich bildet sich bei Sturm mancherorts ein Gleitfilm, folgerte Messina – und bestätigte damit die Theorie von Thomas Clement. 1998 jedoch, nach fünf Jahren Arbeit, bilanzierte die Geologin anlässlich ihrer Promotion über die wandernden Steine: »Das Ergebnis ist faszinierend: Es gibt keines.« Messina ist bisher zu keiner eindeutigen Lösung des Phänomens gekommen und fährt deshalb weiterhin zur Steine-Rennbahn. »Ich liebe diese Steine, gerade weil sie unerklärlich zu sein scheinen«, sagt die Geologin. Wie sie meinen inzwischen die meisten Forscher, dass diverse Faktoren als Antriebskraft eine Rolle spielen – und so wurden die Theorien mit den Jahren immer komplexer.

Ein anderes Forscherteam entwarf nach monatelangen Berechnungen ein Szenario, wonach sich unter den Steinen bei Regen und Sturm kleine Hügel bildeten, von denen die Brocken später herunterrutschen. Doch die Fachkollegen blieben skeptisch. Die NASA-Expedition 2010 verfolgte auch eine Theorie des Naturkundlers George Stanley aus den 1950er-Jahren, derzufolge Eis die Felsen bewegt. Während Frostnächten, so glaubte Stanley, glitten die Steine in Eisschollen eingeklemmt durch die Wüste. Wind treibe die Eisplatten an. Paula Messina jedoch hielt die Theorie für widerlegt, die Geologin hatte keine Eisreste gefunden.

Um die These nochmals zu prüfen, hat NASA-Forscher Gunther Kletetschka im Winter 2009/2010 Sensoren unter einigen der Wandersteine vergraben – mit einer Ausnahmegenehmigung der Nationalparksleitung. Seine Auswertung der Temperatur- und Feuchtigkeitsmessungen ergab: Im März 2010 hatte sich dort tatsächlich Eis gebildet. Doch auch Gunther Kletetschka konnte die Felsen nicht beim Wandern ertappen. Während der gesamten Zeit, in der die Sensoren im Boden steckten, hat sich kein Stein bewegt. Dennoch glaubt Kletetschka eine Erklärung für die Felswanderungen gefunden zu haben – im Labor: Eisschollen und Wasser bewegten die Felsen; auf erstaunliche Weise, sagt der Geoforscher. Im Laborversuch hat Kletetschka die Steine-Rennbahn im Kleinformat in einer Art Aquarium nachgebaut, den Boden bedeckt originaler Lehm. Darauf hat Kletetschka einen Stein gelegt. Ein Kupferbalken an der Decke des Aquariums regelte die Temperatur: Indem das Metall auf Minustemperaturen abgekühlt wurde, konnten frostige Nächte im Tal des Todes simuliert werden. Doch zunächst ließ Kletetschka es regnen, Wasser strömte ein und stieg schnell an. Schon vor Jahrzehnten hatten Wissenschaftler entdeckt, dass die Rennbahnebene nach starkem Regen zu einem flachen See wird. Der Forscher kühlte das Kupferdach des Aquariums unter den Gefrierpunkt ab. Nun herrschten darin Bedingungen wie so oft auf der Hochebene, wenn die Lufttemperatur unter null Grad sinkt. Der »See« im Aquarium gefror: Von oben nach unten wandelte sich das Wasser zu Eis. Schließlich umschloss das Eis auch den Stein. Von den Seiten aber strömte weiterhin Wasser nach. »Von der Hochebene fließt nach Regenfällen massenhaft Grundwasser ins Tal«, überträgt Kletetschka das Phänomen auf die Vorgänge in der kalifornischen Wüste. Und dann geschah es: Das Wasser ließ das Eis »aufschwimmen« – damit hob sich auch der Stein. Sobald es nun wieder etwas wärmer werde, könne der Stein sich in Bewegung setzen, erklärt der Forscher. Denn Wärme lässt das Eis bersten. »Das Eis auf der Ebene zerbricht in einzelne Schollen«, erläutert Kletetschka. Eingeschlossen in unterschiedlichen Schollen nähmen die Felsen schließlich Fahrt auf.

Drei Kräfte treiben die Eisschollen an, meint Kletetschka: Wind, nachströmendes Regenwasser und Strömungen, die durch Temperaturunterschiede zwischen den kühlen Gebieten im Schatten der Berge und den sonnenbeheizten Stellen hervorgerufen werden. Diese drei Faktoren sorgen dem Forscher zufolge dafür, dass sich Wasser und Eis in Bewegung setzen. Im Eis eingefroren, könnten sich sogar große Felsen bewegen. Seine Theorie bringt bisher unerklärte Beobachtungen erstmals in Einklang: Die Spuren ohne Steine werden demnach von Dellen im Eis und von Lehmbrocken erzeugt, die am Boden kratzen. Die breiter werdenden Furchen erklären sich dadurch, dass die Felsen allmählich einsinken, wenn das Eis taut. Und breite Spuren hinter schmaleren Steinen entstehen, wenn Eis am Stein haftet.

Ein großes Rätsel um eine vermeintlich kleine Frage könnte also unmittelbar vor der Aufklärung stehen. Doch noch ist Kletetschka nicht zufrieden, er will die Steine endlich wandern sehen, wenigstens anhand seiner Messungen auf der Rennbahnebene. Zusätzliche Sensoren im Innern eines Steins sollen zeigen, ob sich der Fels in Wasser oder Eis befindet. Einstweilen bewahren die wandernden Felsen also ihr Geheimnis. Und sie locken immer mehr Touristen an. Vielleicht löst ja ein Laie das

Rätsel? Jemand, der mit eigenen Augen sieht, wie die Steine rutschen.

Ebenso geheimnisvoll wie die wandernden Steine ist ein Phänomen, das viele Orte auf dem Globus betrifft: Ein rätselhaftes Dröhnen schreckt die Menschen. Im nächsten Kapitel lauschen Geophysiker dem Grollen des Planeten – und versuchen sich an einer Erklärung.

16

Schüsse aus dem Nebel

Es knallt, dröhnt und wummert – an vielen Orten weltweit
erschrecken mysteriöse Geräusche die Menschen. Manche
Klänge künden tatsächlich Unheil an, andere gehen mit einem
rätselhaften Glühen einher. Geheime Militäraktionen steckten
nicht dahinter, beteuern Experten. Aber was dann?

Ende November 2011 knallte es in Burlington im US-Bundesstaat Vermont. »Es war so laut, dass unser Haus wackelte«,
schrieben besorgte Anwohner in das Blog der lokalen Online-
Nachrichten. »Es wäre schön zu wissen, was es war, sodass wir
uns nicht mehr sorgen müssen«, ergänzte eine andere. In diesem
Fall meinen Wissenschaftler die Ursache zu kennen: Vermutlich habe ein schwaches Erdbeben den Lärm verursacht. Doch
oftmals bleibt gerade in den Vereinigten Staaten die Quelle des
rätselhaften Dröhnens, Brummens und Knallens unentdeckt.

Das Phänomen beschäftigt seit Jahrhunderten. Manchmal
ist es Gewittern oder Vulkanen geschuldet, neuerdings auch
Militärflugzeugen oder Explosionen. Just als die Bewohner
von Burlington aufgeschreckt wurden, stellten Forscher der
NASA und anderer Institute umfangreiche Schallmessungen
vor, die das Rätsel jedoch ebenfalls nicht lösen konnten. »Eine
große Herausforderung«, sagt David Hill vom Geologischen
Dienst der USA (USGS), der das Phänomen seit Jahrzehnten
erforscht.

Das Dröhnen ist universal: Belgier nennen es Mistpouffers, Inder sprechen von Bansal-Pistolen, Italiener sagen Brontidi, US-Amerikaner Seneca-Pistolen und Japaner Yan. Alle Sprachen helfen sich mit Metaphern – die lautmalerischen Begriffe können etwa mit »Nebeldonner« oder »dröhnende Gezeiten« übersetzt werden –, weil meist unklar bleibt, was tatsächlich hinter den Geräuschen steckt. Selbst dem angesehenen USGS bleibt nur, zu spekulieren: Vor Jahrhunderten hätten Menschen an magische Ursachen geglaubt, heute würden »hoch geheime Militäraktivitäten« vermutet, schreiben Forscher in einem Resümee zum Thema. Ernsthaft könne diese Spur aber kaum verfolgt werden, schließlich ließen sich Militäroperationen an all den Orten kaum über derart lange Zeit geheim halten.

Immerhin, manche der mysteriösen Geräusche konnten schon aufgeklärt werden. In der Sahara etwa meiden Beduinen seit jeher Gegenden, in denen der Sand unangenehm dröhnt. Doch erst in den 1990er-Jahren fanden Wissenschaftler heraus, was tatsächlich geschieht: In besonders trockenen Regionen heulen große Sicheldünen, wenn ihre steilen Hänge vom Wind versetzt werden; dabei lassen sie sogar den Boden vibrieren. Im hohen Norden lassen schwindende Gletscher den vom Eis entlasteten Boden zuweilen knarren, andernorts krachen vom Bergbau ausgehöhlte Minen ein. Im Dschungel von Ecuador haben Geophysiker gleich mehrere unheimliche Geräusche enträtselt: Dort rumoren der Vulkan Reventador und der Wasserfall San Rafael, und schließlich erfüllten häufig noch Gewitter die Luft mit einem gespenstischen Wummern, berichten Forscher um Jeffrey Johnson von der Universität von New Hampshire. Auch für die legendären Mistpouffers an der belgischen Küste und die Bansal-Pistolen am Golf von Bengalen gibt es mittlerweile eine Erklärung: Vermutlich brächen Wellen, die von fernen Stürmen an die Küste getrieben würden, auf Sandbänken weit draußen, schreibt David Hill in *Seismology Research Letters*. Indes: Es fehle der Beweis. Auch die Eruption untermeerischer Gasblasen komme infrage. Oder etwas anderes.

Dass Wellen noch in großer Entfernung zu hören sein können, beweisen Tsunamis: Jene vom Dezember 2004 vor Indonesien waren als unheilvolles Grollen Hunderte Kilometer weit zu vernehmen. Erstaunlicher noch erscheinen Berichte über knallende Feuerbälle, die gleichzeitig mit verschiedenen Riesenwellen in Japan gesichtet wurden. Zeugen der Tsunamis von 1896 in Sanriku im Nordosten Japans etwa glaubten, russische Kriegsschiffe hätten das Feuer eröffnet – doch dann krachten leuchtende Riesenwellen an die Küste. Die sogenannten Tsunami-Blitze hingen wohl mit den Geräuschen zusammen, glaubt David Hill: Womöglich katapultieren Tsunamis Methan aus dem Meeresboden, das sich entzündet und lautstark explodiert.

Am besten erforscht sind die Seneca-Pistolen am Seneca-See im US-Bundesstaat New York. Dort wie auch in anderen Gegenden im Nordosten der USA schreckt Anwohner immer wieder dumpfes Knallen. Sind Erdbeben die Ursache, wie jüngst in Burlington? Offenbar nicht: Seismologen haben ihre Messungen mit den Zeiten verglichen, in denen von Seneca-Pistolen berichtet wurde, und es gebe keine Übereinstimmung.

In South Carolina indes könnten Erdbeben die Quelle mysteriöser Geräusche sein, glaubt Hill. Das Schwingen der Erde bringt die Luft in Wallung – ab einer Frequenz von 20 Hertz können Menschen die Schallwellen hören. Insbesondere kleine Beben mit schnellem Rhythmus scheinen es immer wieder dröhnen zu lassen, berichtet der Geoforscher. Die Ursache bleibe meist unentdeckt, weil die Beben zu schwach sind, um sie zu bemerken. Doch auch katastrophalen Beben, wie etwa jenem von Christchurch in Neuseeland Anfang des Jahres 2011, geht mitunter unheilvolles Brummen voraus. Die Schallwellen eilen dabei dem schlimmsten Ruckeln voran: Sie sind schneller als die zerstörerischen Scherwellen, die den Boden seitwärts schwingen lassen, sodass Häuser ihren Halt verlieren. Den Geschwindigkeitsunterschied nutzen Geoforscher in Japan, Mexiko und den USA für die Erdbebenwarnung: In den Sekunden bis zum Eintreffen der Scherwellen können Bahnen angehalten, Ampeln auf Rot geschaltet oder Gasleitungen abgestellt werden. Allerdings drohen Fehlalarme, weil andere Schallquellen Erdbeben vorgaukeln können. Auf der AGU-Tagung in San Francisco haben Forscher der NASA und anderer Institute deshalb ein Mittel gegen Fehlalarme vorgestellt: Das Dröhnen von Erdbeben verrate sich, weil hohe Frequenzen schwächer ausfielen als etwa bei Militärjets. Nun konzipieren die Wissenschaftler ein »dröhn-resistentes Erdbebenwarnsystem«, das nur anspringen soll, wenn die Erde bebt. Die anderen, teils mysteriösen Geräusche soll das System ignorieren.

Doch all diesen Messungen zum Trotz, der Ursprung vieler Klänge bleibt unbekannt. Die Forscher müssen weiter spekulieren: Die Seneca-Pistolen beispielsweise könnten auch von Erdgasexplosionen, Stürmen, Seewellen oder etwas ganz anderem verursacht werden, resümiert David Hill. Die Erde sei »ein komplexer Ort«, ergänzt Rus Wheeler vom USGS ratlos: »Vielleicht«, sagt er, »vielleicht werden wir ja eines Tages hinter das Geheimnis kommen.«

Sicher scheint, der Planet gibt seit Urzeiten Geräusche von sich. Man könnte meinen, sein Dröhnen sei die unverständliche Erzählung von früheren Lebewesen, die ihn einst besiedelt haben. Aber so ist es wohl leider nicht. Die Geschichte der Erde müssen Wissenschaftler schon selbst erkunden: Dafür bergen sie beispielsweise alte Felsen, in denen sich untergegangene Landschaften abzeichnen. Wie Tagebücher haben Gesteine das Leben der Urzeit bewahrt. Im nächsten Kapitel entdeckt ein Reiter in Kanada zufällig den größten Schatz der Erdgeschichte – der Fund sollte die Wissenschaft und das Schicksal des Entdeckers dramatisch verändern.

17

Tagebuch der Urzeit

Ein Pferd brachte die Wissenschaft auf die Spur einer ihrer größten Entdeckungen. Es war vor etwa 100 Jahren, am 31. August 1909. Der Naturforscher Charles Doolittle Walcott ritt mit seiner Frau über den Burgess-Pass in den kanadischen Rocky Mountains. Das Pferd der Frau, so wurde berichtet, glitt auf dem Schotter aus. Walcott stieg ab, um das gestürzte Tier aufzurichten. Da fiel ihm eine Schieferplatte auf, die das Pferd beim Straucheln umgedreht hatte. Dieser Moment sollte die Paläontologie – die Wissenschaft des Urzeitlebens – revolutionieren und wichtige Beweise für Darwins Evolutionstheorie liefern. Auf dem Schiefer erblickte Walcott die versteinerten Abdrücke eines Kleintiers.

Der Autodidakt und leidenschaftliche Forscher aus Utica im US-Bundesstaat New York wäre am liebsten gleich dortgeblieben, um sämtliche Platten umzudrehen. Doch das schlechte Wetter trieb ihn nach Hause. Zuvor hatte Walcott auf einer Landkarte noch den Ort markiert. Natürlich ahnte er nicht, dass er die größte Schatzkammer des Urzeitlebens entdeckt hatte. An einen interessanten Fund glaubte er aber wohl. Und so kehrte Walcott im folgenden Frühjahr zurück und fand heraus, dass der Schotter von einem Felssturz stammte. Er folgte den Spuren der Lawine fast bis hinauf zum Berggipfel. In 2400 Meter Höhe stand er vor einer Flanke aus Schiefergestein von der Größe einer Reihenhauszeile. Silbrig schimmerten die Abdrücke unzähliger Lebewesen im schwarzen Fels. Wie ein steinernes Buch des Lebens hatte der Berg eines der interessantesten Kapitel der Erdgeschichte konserviert: die sogenannte Kambrische Explosion vor gut 500 Millionen Jahren. Sie war gleichsam der »Urknall« des Lebens auf der Erde: Damals waren binnen weniger Millionen Jahre beinahe alle Körperbaupläne der Tiere entstanden. In den dreieinhalb Milliarden Jahren zuvor war die Erde ein öder Planet gewesen. Lediglich Bakterien und – viel später – simple Schleimorganismen hatten die Flachmeere bevölkert. Im Kambrium entstanden plötzlich höhere Lebensformen. Ohne die Entdeckung des Burgess-Schiefers wäre diese entscheidende Epoche der Evolution im Dunkeln geblieben – zu dieser Zeit machte die Entwicklung des Lebens seinen vielleicht größten Sprung: »Es war, als ob ein Bühnenvorhang mit einem Ruck aufgerissen wurde und mitten in der Handlung des ersten Aktes den Blick freigab auf diese Zeit«, sagt der Paläontologe Richard Fortey vom Naturhistorischen Museum in London.

Zu keinem späteren Zeitpunkt wurde eine ähnlich reiche Fossilienstätte von solch immenser wissenschaftlicher Bedeutung gefunden. Die Vielfalt der Formen erstaunt Wissenschaftler bis heute, 140 Arten wurden gezählt. Erst der Blick in den Burgess-Schiefer habe gezeigt, »wie viel reicher die Welt einst war und wie viel weniger berechenbar«, schwärmt Fortey. Walcott hämmerte etwa 70 000 Abdrücke von Urzeitwesen aus dem Schiefer. Die ersten sandte er an Museen in aller Welt. »Er hatte Sorge, die Fachwelt könnte an seiner aufregenden Entdeckung zweifeln«, sagt Fortey. Auch bei der Namensgebung ging Walcott auf Nummer sicher: Vielen Fossilien gab er Namen bedeutender Paläontologen. Den Spitzenkrebs *Marrella* etwa benannte er nach Johnny Marr, seinerzeit die höchste Instanz der britischen Urzeitforschung.

Die Burgess-Region lag im frühen Kambrium vor gut 500 Millionen Jahren in einem Flachmeer, in dem sich unzählige Lebewesen tummelten. Ihnen wurde der Zusammenbruch einer Klippe zum Verhängnis: Der Schutt begrub Abertausende Tiere am Meeresboden – und schuf damit ein Massengrab für die Ewigkeit. Zufälle führten dazu, dass die Stätte erhalten blieb. Kadaver, die in sauerstofflosem Milieu die normale Zersetzung überdauern, werden meist durch Erosion endgültig beseitigt, stetig schmirgeln Wind und Wasser die Erdkruste. Im Burgess-Schiefer aber sorgten seltene chemische Prozesse dafür, dass ein stabiler Zement die Abdrücke ausfüllte; tief im Berg blieben sie erhalten. Das Leben in den Ozeanen sei heute weitaus weniger vielgestaltig als in jenem Flachmeergebiet des Burgess-Schiefers, staunte der berühmte, 2002 verstorbene Geologe Stephen Jay Gould. Das Sortiment an Wassertieren »hätte jeden Fischhändler glücklich gemacht«, witzelt hingegen Richard Fortey.

Es war eine bizarre Welt. Ein Gliederfüßer namens *Anomalocaris canadensis* etwa ähnelte einem Mini-Weihnachtsbaum mit Geweih auf der Spitze. Das Krabbeltier *Opabinia* hatte fünf Augen und einen Rüssel mit Klauen an der Öffnung. *Hallicugenia* scheint auf sieben Stelzen über den Meeresboden gewankt zu sein. Und *Odontogriphus* – eine Art Fladen – wirke wie ein »überfahrenes Tier«, meinen selbst Paläontologen. Ein schlankes, nacktschneckenähnliches Geschöpf namens *Pikaia gracilens* indes flößt den Forschern mehr Ehrfurcht ein. Es soll eine primitive Wirbelsäule besessen haben und war somit wohl der Vorfahr aller Wirbeltiere – einschließlich des Menschen.

Hätte es je Menschen gegeben, wenn *Pikaia gracilens* sich während der Kambrischen Explosion nicht behauptet hätte? Nein, meinte Stephen Jay Gould. Die Entstehung des Menschen habe – wie die Evolution aller Lebewesen – vor allem vom Zufall abgehangen, schrieb er in seinem berühmten, 1989 erschienenen Buch *Zufall Mensch*. Er löste damit eine heftige

Debatte über die Entwicklung des Lebens aus. Gould zufolge war die Entstehung der Arten weitgehend eine Lotterie. Würde das »Band des Lebens« bis in die Zeit des Burgess-Schiefers »zurückgespult und erneut gestartet«, schrieb er, wäre die Chance, dass sich wiederum menschliche Intelligenz entwickelte, »verschwindend gering«.

Gould hat dem Stammbaum des Lebens sozusagen neue Gestalt gegeben, erläutert Richard Fortey. Zuvor habe man sich die Evolution als »eine Art Busch« vorgestellt, der sich zur Seite und nach oben verzweigt. Die Vielfalt der Tierarten im Burgess-Schiefer indes bewog Gould zu dem Schluss, die Entwicklung des Lebens ähnele einem Baum, der unten breit ist und sich nach oben verjüngt. Das Leben sei eine »Geschichte des Sterbens«, gefolgt von der »Spezialisierung weniger Überlebender«, schrieb er. Andere Experten hingegen widersprachen: Katastrophen hätten keinen so großen Einfluss, die Evolution verlaufe gleichmäßiger.

Dieser Ansicht war auch Charles Doolittle Walcott gewesen. Die meisten Sommerurlaube bis zu seinem Tod 1927 verbrachte er am Burgess-Schiefer. Seine wissenschaftlichen Arbeiten füllten schließlich ein ganzes Bücherregal. Nach seinem Tod jedoch verschwanden die Burgess-Fossilien für 45 Jahre in den Schränken des Amerikanischen Museums für Naturgeschichte in Washington.

Erst in den 1970er-Jahren wagten sich die britischen Paläontologen Simon Conway Morris, Harry Whittington und Derek Briggs an eine Revision. Von da an wandelte sich Walcotts »Triumph zur Niederlage« – so beschrieb es jedenfalls Stephen Jay Gould. Bereits bei einer ersten Durchsicht der Sammlung wunderte sich Conway Morris: Walcott hatte die Fossilien aus dem Burgess-Schiefer sämtlich heute lebenden Arten zugeordnet. Doch Morris erkannte, dass die meisten frühzeitlichen Tiere keine modernen Nachfahren haben. Walcott hatte seine Funde

»damit so falsch interpretiert, wie es überhaupt nur möglich war«, schrieb Gould. Die Lebewesen hätten sich nach Walcotts Ansicht einfach immer weiterentwickelt, »mit vorhersagbarer Zwangsläufigkeit«, lästerte er.

Zwar rüffelten andere Forscher Gould für seine Attacke, die neuen Interpretationen wichen weniger drastisch von denen Walcotts ab, als er behauptet hätte. Walcotts Irrtum aber war nicht zu übersehen. Als Simon Conway Morris mal wieder eine neue Fossilienkiste öffnete, soll er irgendwann sogar entkräftet geschimpft haben: »Verdammt, nicht schon wieder ein neuer Stamm!« Die Fehldeutungen schmälerten Walcotts Ruhm als einer der größten naturwissenschaftlichen Entdecker aber kaum. Seine Fundstätte am Burgess-Pass ist längst Teil des Weltnaturerbes der UNESCO. In der Umgebung haben Wissenschaftler inzwischen weitere Steinbrüche aufgemacht, wo sie bis heute nach Fossilien suchen. 150 000 Exemplare lagern allein im Royal Ontario Museum in Kanada. Und noch immer bringen Paläontologen mehr Fossilien aus dem Burgess-Gebiet, als überhaupt untersucht werden können.

Nicht nur die Erdgeschichte steckt noch immer voller Geheimnisse. Selbst manch grundlegende Eigenschaft des Planeten ist unbekannt – und sei es auch nur, weil noch niemand danach gefragt hat. Wie schwer sind eigentlich Großstädte und Länder? Ich habe Wissenschaftler die Gewichte von Regionen ausrechnen lassen. Im nächsten Kapitel steht, wo in Mitteleuropa die wahren Schwergewichte liegen.

18

Deutschland wiegt
28 000 000 000 000 000 Tonnen

Die Kontinente der Erde wurden bis in den letzten Winkel vermessen: Größe, Höhe, Aufbau – alles ist bekannt. Ein Maß indes blieb unberücksichtigt: das Gewicht. Auf meine Anfrage hin haben Forscher berechnet, was Länder und Städte auf die Waage bringen.

Kontinente sind gewaltige Steinklötze, die größtenteils von einer dünnen Schicht Erde oder Sand überzogen sind. Zusammen mit den Ozeanböden bilden sie die Erdkruste, die nach unten an den Erdmantel grenzt. Während die Steinplatten des Meeresgrundes allerdings nur wenige Kilometer tief reichen, sind die Kontinente Dutzende Kilometer dick.

Dass es Festland gibt, liegt vor allem daran, dass Ozeanböden und Kontinente aus unterschiedlichem Material aufgebaut sind. Die Ozeankruste besteht durchweg aus Basalt. Das schwere Gestein sinkt tief ein, bildet Becken, in denen sich Wasser sammelt – die Ozeane. Die Kontinente hingegen bestehen größtenteils aus vergleichsweise leichtem Granit. Sie liegen durchschnittlich 125 Meter über dem Meer. Und Vulkanausbrüche fügen stetig Land hinzu.

Aus den aktuellen Daten über die Dicke der Erdkruste und das Gewicht des jeweiligen Gesteins haben Experten des Geoforschungszentrums Potsdam (GFZ) berechnet, wie schwer einzelne Regionen sind. Deutschland wiegt demnach 28 Billiarden Tonnen – das ist eine 28 mit 15 Nullen: 28 000 000 000 000 000. Nordrhein-Westfalen bringt ein Zehntel davon auf die Waage: Das Bundesland ist 2,8 Billiarden Tonnen schwer; das etwa doppelt so große Bayern wiegt knapp sechs Billiarden Tonnen.

Was den Anschein von Spielerei hat, hat einen ernsten wissenschaftlichen Hintergrund: Die seismischen Daten geben Aufschluss über den Untergrund. Sie zeigen beispielsweise, dass sich unter den Mittelgebirgen der Boden eines Ur-Ozeans verbirgt. Er wurde vor rund 400 Millionen Jahren wie ein Keil in die Kruste getrieben, als sich der Süden des heutigen Deutschland gegen den Norden schob. Die Ereignisse der geologischen Vergangenheit sorgen generell für beträchtliche regionale Gewichtsunterschiede. Am leichtesten sind der Südwesten und der Norden, dort ist die Kruste dünner und besteht vielerorts aus leichterem Gestein. So wiegt Berlin mit 82 Billionen Tonnen etwa die Hälfte mehr als das 57 Billionen Tonnen schwere Hamburg – obwohl sich die beiden Städte in der Fläche (893 gegenüber 755 Quadratkilometer) weit weniger stark unterscheiden. Doch die Hauptstadt ist bis zum Erdmantel 33 Kilometer dick, Hamburg hingegen nur 27 Kilometer.

Die Erdkruste bildet die Umwelt aller Lebewesen, in ihr lagern sämtliche Rohstoffe. Dennoch wissen Forscher erstaunlich wenig über die äußere Hülle des Planeten. Die tiefste Bohrung hat die kontinentale Erdkruste nur zu einem Drittel durchdrungen, sie reicht gerade zwölf Kilometer tief. Wenn man bedenkt, dass die Erdkruste nur den dreihundertsten Teil des Erdvolumens ausmacht, kann von einem Vorstoß ins Erdinnere bislang kaum gesprochen werden. Um Informationen über den Untergrund zu erhalten, lauschen Forscher deshalb Erdbeben. Deren Erschütterungswellen durchlaufen den Planeten und geben Auskunft über das Erdinnere; sie verändern ihre

Geschwindigkeit, je nachdem, welches Material sie passieren. Der Boden Deutschlands wird seit 1984 auf diese Weise systematisch durchleuchtet. »Vorher wussten wir gerade mal bis zur Graswurzel Bescheid«, sagt der GFZ-Forscher Onno Oncken, der Leiter des Deutschen Kontinentalen Reflexionsseismischen Programms (Dekorp).

Die Dekorp-Forscher konnten beispielsweise ermitteln, wie weit die Erdkruste unter Deutschland reicht: 20 bis 40 Kilometer tief. Der Übergang zu einem äußerst festen Gestein markiert die Grenze zum Erdmantel. Es bildet sich nur in der Tiefe und besteht größtenteils aus dem grünlichen Mineral Olivin. An der Erdkrustengrenze prallen viele Erdbebenwellen ab wie an einer Barriere – die nach ihrem Entdecker benannte Mohorovičić-Diskontinuität (kurz »Moho«). Im Vergleich zu vielen Orten in Österreich und der Schweiz aber sind deutsche Städte regelrechte Leichtgewichte. Die Alpenländer sind im Gesamten wesentlich dicker: die »Moho« taucht unter den Bergen in bis zu 55 Kilometer Tiefe ab, da die Alpen in die Tiefe sacken und den Erdmantel hinabdrücken. Der Großteil des Gebirges befindet sich im Untergrund, ähnlich wie bei Eisbergen ragt nur ein Zipfel hervor.

Die kolossalen Berge über der Oberfläche tragen lediglich ein Fünfzigstel zum Gewicht Österreichs bei, hat Michael Behm von der TU Wien ermittelt. Das Land wiegt seinen Berechnungen zufolge 9,4 Billiarden Tonnen. Damit hat Österreich ein Drittel des Gewichts Deutschlands, obwohl es nur ein Viertel von dessen Fläche besitzt. Österreich gehört so zu den Ländern mit dem höchsten Gewicht pro Quadratmeter in Europa. Die Daten der Wiener Forscher um Behm und Ewald Brückl beruhen auf einer Serie von Explosionen, die im Sommer 2002 in Bohrlöchern in den Ostalpen gezündet wurden. Die Wellen der Sprengungen durchliefen die Erdkruste, wurden an der »Moho« reflektiert und an der Oberfläche von Erdbebensensoren aufgezeichnet.

Den im Rahmen des Projekts ALP2002 gewonnenen Daten zufolge gehört der Untergrund Österreichs zu den am besten erkundeten der Welt. Bei der Auswertung derselben erlebten Behm und seine Kollegen eine Überraschung: Sie entdeckten rund 30 Kilometer unter Südösterreich eine bislang unbekannte Erdplatte – die »Pannonische Platte«. Die kleine Platte werde wie in einem Schraubstock zwischen zwei großen Platten, der Eurasischen und der Adriatischen, eingezwängt und nach Osten herausgequetscht.

Auch die Schweiz gehört – pro Quadratmeter gesehen – mit 4,2 Millionen Milliarden Tonnen zu den schwersten Ländern Europas. Im Norden des Landes liegt die Grenze zum Erdmantel aber nur 32 Kilometer tief. Dort gelegene Städte bringen entsprechend weniger auf die Waage: Zürich wiegt 7900 Milliarden, Bern 4900 Milliarden und Basel 1900 Milliarden Tonnen.

Die schwersten Länder überhaupt liegen jedoch in anderen Weltgegenden: Dort, wo nicht nur Berge die Erdkruste örtlich verdicken, sondern die »Moho« über Tausende Kilometer hinweg in mehr als 40 Kilometer Tiefe liegt. Am mächtigsten ist die Erdkruste der ältesten Kontinente, die vor rund drei Milliarden Jahren entstanden sind. Im Lauf der Zeit reicherte sich dort bei Erdplattenkollisionen und Vulkanausbrüchen am meisten Gestein an – etwa in Kanada, Australien und Skandinavien. Verglichen mit diesen Regionen ist Mitteleuropa ein Leichtgewicht.

Dass Länder schwerer und schwerer werden, liegt vor allem daran, dass sich Erdplatten zusammenschieben. Aber warum sind beinahe alle Kontinente im Lauf der Erdgeschichte auf die Nordhalbkugel gedriftet? Im nächsten Kapitel erklärt ein Geologe das Gedränge der Landmassen auf unserer Hemisphäre. Die Einsicht kam erst 2007, weil Wissenschaftler zu selten von unten auf den Globus schauen.

19

Die Entdeckung der Norddrift

Manche Fragen sind so gut und auch so simpel, dass gemeinhin nur Kinder sie stellen. So wunderte sich zum Beispiel kaum ein Wissenschaftler darüber, dass fast alle Kontinente auf der Nordhalbkugel der Erde liegen, während die südliche Hemisphäre überwiegend von Ozeanen bedeckt ist, obwohl das nun wirklich jedem Betrachter eines Globus ins Auge springen müsste.

Bislang hatten Geoforscher bloß läppische Plausibilitätsantworten parat: Die Drift der Erdplatten habe das Muster eben zufällig so geschaffen. Das klingt als Erklärung unbefriedigend, und ein Grund ist es schon lange nicht. Nicht ein berühmter Wissenschaftler, sondern ein einfacher Mitarbeiter eines Naturkundemuseums lieferte eine bessere Antwort: Die Ungleichverteilung liege in der Form der Erde selbst begründet – und in einer mächtigen, allzu offenkundigen Kraft, die Geoforscher bislang so übersehen hatten wie den sprichwörtlichen Wald vor lauter Bäumen. Dennis McCarthy vom Museum of Science in Buffalo im US-Bundesstaat New York entdeckte die Antwort, indem er den Globus aus ungewohnter Perspektive betrachtete: von unten.

Am Südpol des Planeten, Tausende Kilometer entfernt von anderen trockenen Flecken der Erde, liegt die Antarktis reglos da – ein Sonderfall unter allen Landmassen. Den Südkontinent umschließt ein drei Kilometer hoher Gebirgsring am

Meeresgrund, der Mittelozeanische Rücken. Aus ihm quillt fortwährend Lava, sie härtet zu frischer Erdkruste. Aus der Tiefe nachdrängende Lava drückt die neue Kruste nach beiden Seiten weg. Die Antarktis selbst aber ruht, sie liegt innerhalb des untermeerischen Gebirgsrings, wo sich die Erdplatten gegenseitig blockieren. Der tektonische Druck wird gen Norden abgebaut. Dorthin bewegt sich der Meeresboden – rund um den Südkontinent werden die Erdplatten Richtung Äquator gedrückt.

Die Norddrift und die Form der Erde verursachen die Unterschiede zwischen Nord- und Südhalbkugel, hat McCarthy herausgefunden. Ebenso, wie Längengrade am Äquator weiter auseinanderliegen als nahe den Polen, streben auch die Platten auf dem Weg von der Antarktis nach Norden auseinander. Risse durchziehen deshalb die Ozeanböden der Südhalbkugel. Dort entsteht kontinuierlich neuer Meeresboden – die Ozeane des Südens vergrößern sich.

Die Kugelform der Erde soll als Erklärung dienen? Wie trivial! Doch Landkarten prägen Weltsichten. Zum ersten Opfer aller Kartografen wurde stets die Antarktis: grotesk verzerrt, als unproportionierter Streifen am unteren Kartenrand – oder gleich ganz abgeschnitten. Auch als Dreh- und Angelpunkt der Plattentektonik fielen die Antarktis und ihre untermeerischen Lava-Gebirge deshalb nicht ins Auge. Das sei eine Frage der Perspektive, sagt der Geologe Helmut Echtler vom Geoforschungszentrum Potsdam (GFZ): Aufgrund seiner Randlage auf den Landkarten werde der Südkontinent schlicht zu wenig beachtet. Dabei waren alle nötigen Daten vorhanden. McCarthy benutzte eine Standardkarte der Geologie (Nuvel-1) mit Bewegungsrichtungen und Plattengeschwindigkeiten, wie sie per GPS-Messung ermittelt werden und jedem Forscher zur Verfügung stehen. Zwar bewegen sich die Platten in alle Richtungen. Doch McCarthy trug die Vektoren penibel in Tabellen ein – und fand heraus: In der Summe kennen die Erdplatten vor allem eine Route, nämlich nach Norden.

Die Erdplatten beschleunigen sich auf ihrem Weg, hat McCarthy ebenfalls berechnet. Ursache ist wiederum die Kugelform der Erde: Der nach Norden drängende Meeresboden habe viel Platz, er könne sich im Süden nahezu ungebremst bewegen, erklärt der Forscher. Im Lauf der letzten 200 Jahrmillionen wurden die meisten Kontinente so in die Nordhemisphäre geschoben. Dort herrscht nun großes Gedränge, vielerorts kollidieren Erdplatten. Eine Kollisionsfront zieht sich beispielsweise von Europa nach Ostasien, entlang derer sich Gebirge wie die Alpen und der Himalaja auftürmen. Wie Sporne schieben sich Landmassen – etwa Afrika und Indien – von Süden her in den eurasischen Kontinent. Die Kollisionen bremsen die Platten in der Nordhemisphäre. McCarthy hat errechnet: Je weiter nördlich des Äquators sie liegen, desto langsamer bewegen sie sich.

Seine Studie hat die Fachwelt überrascht. Die Arbeit zeige, dass sich die Bewegung der Erdplatten elegant mit Geometrie erklären lasse, sagt Onno Oncken, Experte für Plattentektonik am GFZ. Bislang wurden Plattenverschiebungen einzig anhand der gemessenen Bewegungen rekonstruiert. Möglicherweise erklärt McCarthys Geometriegesetz nun sogar das Werden und Vergehen der Kontinente. Denn im Lauf der Erdgeschichte vereinigten sich die Landmassen mehrfach zu einem Superkontinent. Warum das geschah, erschien lange rätselhaft. Der neuen Studie zufolge werden die Platten womöglich systematisch zusammengetrieben: Der letzte Superkontinent Pangäa – er umfasste vor 225 Millionen Jahren beinahe die gesamte Landmasse der Erde und lag teilweise auf der Südhalbkugel – zerfiel vor rund 200 Millionen Jahren. Aus einer Spalte entstand genau jener untermeerische Gebirgsring um die heutige Antarktis, dessen frische Lava die Erdplatten seither nach Norden treibt. In ferner Zukunft werden sich die heutigen Kontinente vermutlich im Norden vereinen, so der Geologe Wolfgang Frisch von der Universität Tübingen, Autor des Standardwerks *Plattentektonik*. Möglicherweise würde dann der nächste Kontinent-Zyklus beginnen, wenn sich nahe dem Nordpol ein gigantischer Lava-Ring auftäte. McCarthys Geometriegesetz folgend spekuliert Frisch: Die Erdplatten könnten dann wieder nach Süden driften – und im Norden entstünde ein riesiger neuer Ozean.

Die Verschiebung der Kontinente hat oftmals fatale Folgen: Erdbeben zerstören Städte, ja ganze Landstriche, immer wieder kommen dabei auf einen Schlag Tausende Menschen zu Tode. Seit mehr als 100 Jahren bemühen sich Forscher vergeblich darum, die Erschütterungen vorhersagen zu können. Das nächste Kapitel erzählt von der vielleicht größten Niederlage der Wissenschaft überhaupt: dem Scheitern der Erdbebenvorwarnung. Mal werden Tiere beobachtet, mal der Mond; und neuerdings setzen Geoforscher auf Tiefbohrungen – sie stoßen mitten hinein in Erdbebenspalten.

20

Vollmond. Vollmond. Beben?

Der Köter hätte den Forschern eine Warnung sein sollen. Am 18. November 1911 druckte die Wiener Tageszeitung *Neue Freie Presse* einen Artikel des Ingenieurs Arthur Schütz, in dem dieser einen Durchbruch in der Erdbebenvorhersage verkündete: Sein im Labor schlafender Grubenhund zeige eine halbe Stunde vor einem Erdbeben »auffällige Zeichen größter Unruhe«. Technische Begriffe wie »Varietät der Spannung«, »Zentrifugalregulator« und »Keilnut« verliehen dem Text Glaubwürdigkeit. Doch Schütz hatte die Öffentlichkeit hereingelegt, wie er am folgenden Tag schelmisch zugab. Die Pioniere der Erdbebenkunde ließen sich von ihm jedoch nicht beeindrucken. Sie hatten fünf Jahre zuvor ihre Mission begonnen, Warnsignale für starke Erdstöße zu finden. Im Morgengrauen des 18. April 1906 war die San-Andreas-Erdspalte in Kalifornien mit einem Schlag aufgerissen. Bei dem Beben starben in San Francisco mindestens 3000 Menschen. Die Katastrophe war die Geburtsstunde der modernen Seismologie.

Rasch gab es bedeutende Fortschritte zu bejubeln: 1910 erkannte der Geologe Harry Reid, dass Erdbeben in Rhythmen auftreten. Er vermutete, dass sich in der Erdkruste Spannungen aufbauen, die sich schließlich bei einem Beben entladen; je länger die Ruhephasen, desto stärker die Erdstöße. Nach dieser wesentlichen Erkenntnis schien eigentlich nur noch die Frage geklärt werden zu müssen, wie sich große Spannung messen ließ. 1935 schien die Antwort ganz nah, die Seismologen feierten ihren ersten Helden: Der 31-jährige Geophysiker Reuben Greenspan glaubte, er habe anhand des Standes von Mond und Sonne mehrere Beben vorhergesagt, darunter ein Beben in Indien mit 56 000 Toten. »Die Opfer tun mir natürlich leid«, sagte seine Frau Miriam. »Wenn die Leute doch nur auf meinen Reuben hören würden!« Doch Vollmond um Vollmond verging, ohne dass sich weitere starke Beben ereigneten, und um die gefeierte Theorie von Reuben Greenspan wurde es still – wie um die gesamte Erdbebenvorhersage.

Erst in den 1960er-Jahren schöpften die Forscher neue Hoffnung. Die Theorie der Plattentektonik beflügelte die Fachwelt. Ein geschlossenes Mosaik von Gesteinsblöcken ruckelt demnach über die Erdoberfläche, an den Grenzen der Platten bauen sich Spannungen auf. Endlich gab es eine schlüssige Erklärung für Erdbeben, in der Forschergemeinde herrschte Euphorie. 1971 riefen sowjetische Forscher auf einer internationalen Tagung in Moskau ihren Kollegen zu, sie hätten das Ziel erreicht; sie wüssten, welche Signale Beben ankündigten. Ihre These: Vor einem Erdstoß verändern sich die Geschwindigkeiten von Schwingungen in der Erde auf charakteristische Weise. Tagungsteilnehmer aus den USA überprüften die Angaben, bestätigten sie – und lieferten die Ursache der Signale nach: Vor einem Beben öffneten sich kleine Risse im Gestein, auch der elektrische Widerstand veränderte sich.

Nun häuften sich die Erfolgsmeldungen, vor allem von der San-Andreas-Erdspalte. »Ich konnte die Wellen spüren, und sie machten mich glücklich!«, jubilierte ein Seismologe, nachdem seine Prognose angeblich eingetroffen war. Am 27. November 1974 wurden Hunderte Geoforscher auf einer Tagung im California's Pick and Hammer Club Zeuge, »wie Geschichte geschrieben wird«, berichtete das Magazin *Time*.

Der Seismologe Malcolm Johnston prophezeite anhand seiner Daten von der San-Andreas-Erdspalte ein heftiges Beben für die Gegend um Hollister, »vielleicht schon morgen«. Tatsächlich bebte es dort am folgenden Nachmittag mit der Stärke 5,2. Der Treffer gab den Wissenschaftlern weiter Auftrieb.

Am fortschrittlichsten waren die Chinesen, wie eine Forscherdelegation aus den USA im Oktober 1974 staunend feststellte. Am 4. Februar 1975 schien sich diese Einschätzung auf dramatische Weise zu bestätigen, als ein gewaltiges Beben die Region um die Stadt Haicheng erschütterte. Zehntausende waren tags zuvor zum Verlassen ihrer Häuser aufgefordert worden – was ihnen das Leben gerettet hatte. Es war ein grandioser Triumph der Seismologie, so schien es (die Gründe für den Erfolg erzählt das folgende Kapitel), Haicheng galt als endgültiger wissenschaftlicher Durchbruch. »Erdbebenvorhersage ist jetzt eine Tatsache«, resümierte die US-Wissenschaftsbehörde, die National Academy of Science. Die Prognoseforschung genieße fortan »höchste Priorität«. Eine gewaltige Fördergeld-Schwemme führte dazu, dass »alles gemessen wurde, was uns einfiel, von Kakerlaken bis zu Hormonen«, erinnert sich ein Forscher. Schon wurde intensiv der nächste technologische Schritt diskutiert: Die Verhinderung von Erbeben mittels Bohrungen und Wasser.

Doch die Freude verging bald. Von den Wissenschaftlern wurden nun dramatische Entscheidungen erwartet: Soll eine Stadt aufgrund vermeintlicher Warnsignale evakuiert werden? Angesichts solcher Konsequenzen erschienen die Alarmzeichen nun nicht mehr so eindeutig. Bei genauem Hinsehen erwiesen sich vorige Prognoseerfolge als zufällig; der Rausch war verflogen.

Der Triumph von Haicheng blieb ein Einzelfall. Nur ein Jahr später kamen bei einem Beben im chinesischen Tangshan eine halbe Million Menschen ums Leben. Es hatte keine Warnung gegeben. Die Stimmung unter den Forschern änderte sich merklich: Wissenschaftler forderten nun, keine Vorhersagen mehr zu veröffentlichen. Der Seismologe Charles Richter – der Erfinder der berühmten Erdbebenskala – bekannte: »Ich habe einen Horror vor Prognosen.« Doch es war zu spät, den Trend zu stoppen. In Peru warnte ein Geologe vor einem vernichtenden Schlag in der Hauptstadt Lima um den 28. Juni 1981 herum. Um zu demonstrieren, dass keine Gefahr bestand, reisten Seismologen aus den USA eigens nach Lima. Beim Abendessen in der US-Botschaft wunderten sie sich allerdings, dass der Botschafter und seine Frau die Thunfisch-Schnitten selbst schmierten und servierten. Das Küchenpersonal war mitsamt Familien aus Lima geflohen. Das Beben blieb aus.

In den folgenden Jahren halfen Satelliten, eine Vielzahl von Signalen zu entdecken, die Erdbeben vorausgegangen waren. Ein ominöses Leuchten der Luft etwa, die Dehnung der Erdkruste, Gasemissionen, die elektrische Spannung des Untergrunds oder Veränderungen des Grundwasserspiegels. Doch selbst grobe Prognosen misslangen: Für das kalifornische Dorf Parkfield wurde ein Erdbeben 1988 und 1992 vorhergesagt – es ereignete sich 2004. Die frustrierten Seismologen setzten nun vermehrt auf Statistik, sie vermuteten: Die Verteilung schwacher Beben könnte Starkbeben ankündigen. Doch eines der heftigsten Beben der vergangenen Jahre in den USA ereignete sich 1994 in einer Region, die als weniger gefährdet galt. Ob das Beben denn vorhergesagt worden sei, wurde eine Seismologin der US-Geologiebehörde gefragt. »Noch nicht«, antwortete sie lakonisch.

1997 erklärte der Geophysiker Robert Geller von der Universität Tokio die Debatte für gestorben: Präzise Vorhersagen seien prinzipiell unmöglich. Der Zufall bestimme, wie viel Gestein sich in Bewegung setzt. Die Kontroverse vergiftete die Stimmung unter den Forschern; jeder Vorstoß einer neuen

Theorie wurde sogleich abgekanzelt. Doch weiterhin starteten viele junge Seismologen ihre Karriere mit großen Hoffnungen. Denn die Frage der Bebenvorwarnung gilt weiterhin als eine der bedeutendsten der Geoforschung.

Angesichts der großen Gefahr durch die Naturgewalt hat die US-Regierung dem Fachgebiet einen teuren neuen Anlauf genehmigt: In Parkfield, auf halber Strecke zwischen Los Angeles und San Francisco, stößt derzeit ein Bohrer in einen Erdbebenherd der San-Andreas-Erdspalte vor. Auch vor der Küste Japans fressen sich von einem neuen Forschungsschiff aus Bohrer in die Nahtzone zweier Erdplatten. In unterirdischen Langzeitlabors hoffen die Seismologen, doch noch Warnsignale für Erdbeben zu entdecken.

Derweil machen vor allem Amateure mit Bebenprognosen von sich reden. Nach nahezu jedem großen Beben berichten sie von Tieren, die vor dem Ereignis unruhig geworden seien. Von jenen Tieren, die nichts gemerkt haben, wird freilich nicht erzählt. »Die Erwähnung von Tieren macht mich zum Tier!«, schimpft der renommierte Seismologe Max Wyss von der ETH Zürich. Das sei schlicht Nonsens. Auf forsche Theorien reagieren Seismologen wohl empfindlich – die Mahnung des Grubenhundes von 1911 bleibt unvergessen.

So bleibt die Erdbebenwarnung von Haicheng der einzige Erfolg. Doch die Frage bleibt: Warum konnten 1975 in China Zehntausende rechtzeitig vor einem Beben in Sicherheit gebracht werden? Im nächsten Kapitel lüften Geoforscher das Geheimnis – sie erhielten erstmals Einblick in Dokumente, die lange in chinesischen Staatsarchiven verschlossen waren.

21

Das Wunder von Haicheng

Am 4. Februar 1975 um 19 Uhr 36 erschütterte ein starkes Erdbeben den Norden Chinas. Das Beben der Stärke 7,3 gilt noch heute als eines der größten Mysterien der Wissenschaft – denn es wurde auf den Tag genau vorhergesagt. Stolz verkündete die chinesische Regierung von Staatschef Mao Tse-tung nach dem Beben, dass die meisten Einwohner der Großstadt Haicheng rechtzeitig in Sicherheit gebracht worden waren. Nur 1328 Menschen seien gestorben, obwohl Millionen von dem Beben betroffen waren. Der Alarm hätte wesentlich auf Messungen von Privatleuten gefußt, berichtete die Regierung damals. Eine exakte Erdbebenwarnung ist sonst noch nie gelungen, und viele Experten halten sie für prinzipiell unmöglich.

Die genauen Umstände des Haicheng-Bebens blieben lange im Dunkeln, die Veröffentlichung der entsprechenden Dokumente war verboten. Ausländische Wissenschaftler, die die Region ein Jahr später besuchten, konnten nur bestätigten, dass es Warnung und Räumung gegeben hatte. Jetzt haben unabhängige Experten aus Kanada und China endlich die Akten eingesehen und mit Zeugen gesprochen. Die Studie der Gruppe um Kelin Wang vom Kanadischen Geologischen Dienst lüftete das Geheimnis – sie bietet Stoff für einen Krimi.

»Wir sind im Krieg«, rief General Li Boqui. Zum Feind hatte der ranghohe Politiker der nordchinesischen Provinz Liaoning den heimischen Erdboden erklärt. Chinesische Wissenschaftler des Staatlichen Seismologischen Büros (SSB) hatten Monate zuvor – im Juni 1974 – davor gewarnt, dass in den nächsten eineinhalb Jahren in der Region um die Großstädte Haicheng und Anshan vernichtende Erdstöße drohten. Anlass ihrer Besorgnis waren einige schwache Beben, die es in der Gegend in den Jahren zuvor gegeben hatte. Zudem wölbte sich die Erde örtlich auf, der Grundwasserspiegel und der elektrische Widerstand des Bodens veränderten sich – nach Ansicht der Forscher weitere Warnzeichen.

Als dann ein deutlich spürbarer Erdruck am 22. Dezember 1974 die Bewohner der Provinz Liaoning erschreckte, drängte General Li Boqui die Wissenschaftler zu genaueren Prognosen. In den nächsten drei Wochen stiftete dreimaliger Fehlalarm Unruhe. Menschen gingen aus Angst nicht zur Arbeit, immer neue Notfallpläne wurden verbreitet, Evakuierungen geübt. Die Provinzregierung verlor das Vertrauen in die Prognosen und bestellte einige Forscher des SSB für den 10. Januar 1975 ein. Zwei Tage später verkündete die Regierung, ein Beben sei nicht zu befürchten.

Der Seismologe Gu Haoding fehlte bei der Aussprache mit den Politikern. Sein Chef hatte ihn dazu verdonnert, einen Vortrag für eine Forschertagung vorzubereiten, die vom 13. bis 21. Januar in Peking stattfinden sollte. Gu warnte in seinem Referat, ein schweres Beben werde die Provinz Liaoning »in der ersten Hälfte des Jahres oder bereits im Januar oder Februar« heimsuchen. Das Beben könne »noch vor dem Ende der Konferenz« auftreten.

Gu sollte mit seiner Erdbebenprognose recht behalten. Seine Warnungen fußten im Wesentlichen auf der Verformung des Bodens entlang der Nahtzone zweier Erdschollen, die der Seismologe millimetergenau verfolgte. Ende Januar begann sich der Boden zunächst wieder zu senken. Auch andere Indizien deuteten auf verminderte Erdbebengefahr hin, etwa der abfallende Grundwasserspiegel. Nur wer wie Gu und sein Chef Zhu Fengming genau aufpasste, konnte spüren, wie sich das Unheil leise ankündigte: Einige kaum merkliche Schwingungen des Bodens ließen die Großstadt Haicheng am 1. und 2. Februar schwach vibrieren.

Zhu hatte am 31. Januar die Provinzregierung gewarnt, eine zunehmende Zahl schwacher Beben könnte einen vernichtenden Stoß ankündigen – wie der Trommelwirbel einen Paukenschlag. In der Nacht vom 3. auf den 4. Februar nahmen die Vibrationen des Bodens zu und wurden heftiger. Die Seismologen vom SSB eilten in ihr Institut, um sich zu beraten. Kurz nach Mitternacht legte Zhu der Provinzregierung eine erstaunlich präzise Warnung vor. »Ein Starkbeben wird sehr wahrscheinlich folgen«, schrieben die Forscher. Am Mittag des 4. Februar versammelten sich hochrangige Politiker der Provinz Liaoning und einige Forscher des SBB in einem Hotel in Haicheng zu einem Krisengespräch. Sie ahnten nicht, dass das Gebäude wenige Stunden später zur tödlichen Falle werden sollte. Doch allmählich wurden sie nervös. Denn alle paar Minuten klapperten die Tassen auf den Tischen des Konferenztisches, und die Getränke kräuselten sich: Es war offensichtlich, dass der Boden nicht zur Ruhe kam.

Die anwesenden Forscher warnten die Politiker eindringlich. Derweil krachten in der Umgebung die ersten Schornsteine auf die Straßen. Die Beben wurden stärker. Die Seismologen der Erdbebenstation in der nahe gelegenen Stadt Shipengyu wollten nicht so lange warten, bis sich die Provinzregierung zu einer Entscheidung durchgerungen hatte. Obgleich dazu nicht befugt, hatten die Forscher die Verwaltungen umliegender Städte und Gemeinden informiert: »Bereiten Sie sich auf ein mögliches starkes Erdbeben heute Nacht vor.« Nicht nur die stärker werdenden Stöße veranlassten die Seismologen zu dieser Warnung, sondern auch das plötzliche Ausbleiben der Beben seit dem frühen Nach-mittag. Sie deuteten die Ruhe als Zeichen, dass sich Spannung für einen großen Ruck aufbaute. Die Seismologen von Shipengyu überredeten Kinobetreiber in manchen Städten, die ganze Nacht im Freien Filme zu zeigen – trotz Temperaturen deutlich unter null Grad. Diese Idee sollte Zehntausenden das Leben retten, deren Häuser in ihrer Abwesenheit einstürzten.

In der Großstadt Yingkou (das heutige Dashiqiao) verdan-ken unzählige Menschen ihr Leben vor allem einem Seismo-logen: Cao Xiangking von der Erdbebenwarte der Stadt, der seither »Mister Erdbebenbüro« genannt wird. Bereits um acht Uhr morgens hatte Cao die Regierung von Yingkou gewarnt, spätestens am Abend würde sich ein Beben ereignen. Forsch beauftragte Cao jedes Mitglied der örtlichen Kommunistischen Partei, jeweils einen Häuserblock in Yingkou räumen zu lassen. Zudem ließ er ein Evakuierungslager mit Vorräten an Winter-kleidung und Nahrung einrichten. Je länger das Beben auf sich warten ließe, hatte Cao gewarnt, desto heftiger würde es. Um 19 Uhr sei mit Stärke 7, um 20 Uhr mit Stärke 8 zu rechnen. Um 19 Uhr 36 schlug das Beben schließlich zu – mit der Stärke 7,3. Obwohl in der 72 000-Einwohner-Stadt Yingkou zwei Drittel aller Gebäude einstürzten, kamen dort nur 21 Menschen ums Leben. Von Chinas Regierung wurde Caos Leistung verschwie-gen, den Ruhm ernteten andere.

In der Provinzhauptstadt Haicheng hingegen hatten – ent-gegen der offiziellen Darstellung – wenige Menschen ihre Häu-ser verlassen. Die Stadtregierung hatte erst um 18 Uhr ihre Beratungen abgeschlossen, ihr Evakuierungsaufruf kam spät. Viele Einwohner überlebten das Beben, weil sie auf Anraten der Behörden in Winterkleidung schlafen gegangen waren – so mussten sie unter den Trümmern nicht erfrieren. Zudem war das Beben nicht in der Stadt selbst, sondern in der Umgebung der Großstadt am heftigsten. Doch obwohl es in Haicheng schwächer war als in Yingkou und deutlich weniger Gebäude einstürzten, kamen in Haicheng 153 Menschen ums Leben, 44 allein in jenem Hotel, in dem die Beratung der Politiker und Wissenschaftler stattgefunden hatte. Insgesamt fielen dem Erdbeben 2041 Menschen zum Opfer, 713 mehr als offiziell bekannt gegeben.

Chinas Regierung nutzte den vergleichsweise glimpflichen Ausgang des Bebens umgehend für Propaganda. Die gelungene Erdbebenvorhersage sei »ein großer Sieg von Präsident Maos Linie der Proletarischen Revolution«, jubelten alle Zeitungen. Ein Jahr später jedoch – am 28. Juli 1976 – starben bei einem Erdbeben in der nordchinesischen Stadt Tangshan mehrere 100 000 Menschen. Es hatte keine Warnung gegeben.

Die Geschichte der Erdbebenwarnung von Haicheng erwies sich trotz allem im Kern als richtig. Das Beben wurde auf den Tag genau vorhergesagt, berichten Kelin Wang und Kollegen, die die Dokumente prüfen konnten. Viele Details wurden von der chinesischen Regierung jedoch falsch dargestellt. So warnte nicht wie behauptet die Provinzregierung die Bevölkerung, sondern Wissenschaftler. Die Stärke des Bebens wurde allerdings auch von den meisten Seismologen unterschätzt. Die Messungen von Amateuren spielten bei dem Alarm entgegen der Propaganda keine Rolle.

Die treffsichere Warnung zeige, dass manche Erdbeben doch vorhersagbar seien, resümieren Wang und Kollegen. Doch kaum ein Beben kündigt sich so deutlich an wie jenes von Haicheng. Der Alarm stützte sich im Wesentlichen auf die stetig häufiger und stärker werdenden Beben. Den meisten Starkbeben geht jedoch kein entsprechender Trommelwirbel voraus. Die anderen Warnsignale sind noch unzuverlässiger, wie im vorhergegangenen Kapitel beschrieben.

»Wir haben nicht wirklich geglaubt, das Beben auf den Tag genau vorhersagen zu können – lediglich innerhalb eines

Zeitraums von zwei Wochen«, räumt Zhu Fengming inzwischen ein. Doch auch eine auf wenige Wochen genaue Erdbebenprognose sollte nie wieder gelingen. Eindeutige Warnsignale sind nach wie vor der »Heilige Gral der Seismologie«. Zwei Methoden der chinesischen Forscher gehören gleichwohl immer noch zu den hoffnungsvollsten Ansätzen: die Messung von Vorbeben und von Verformungen des Bodens.

Deutschland blieb lange von starken Erdstößen verschont, hierzulande ruckelt der Boden weitaus seltener als an den Grenzen der großen Erdplatten. Trotzdem könnten Beben auch in Deutschland eine Katastrophe auslösen – wie das nächste Kapitel zeigt.

22

Rums am Rhein

Erdbebenkatastrophen kennen die meisten Deutschen nur aus dem Fernsehen. Doch nicht nur Hochrisikogebiete wie Japan, Haiti oder China kann es treffen. Auch Deutschland wird im Abstand von einigen Jahrzehnten von starken Beben erschüttert. Künftig könnten beträchtliche Zerstörungen drohen, haben Forscher ermittelt; sie fordern, Millionen Gebäude erdbebensicher zu verstärken.

Mitteleuropa steht unter massivem Druck: Die afrikanische Kontinentalplatte rückt zwei Zentimeter pro Jahr nach Norden und treibt Italien wie einen Sporn in den europäischen Kontinent – in der Knautschzone türmen sich die Alpen. Das Gebirge verzehrt die Aufprallenergie jedoch nicht vollständig. So setzt die Kollision auch die Region nördlich der Alpen unter Spannung. Schon vor Millionen Jahren begann Europa entlang des Oberrheingrabens aufzureißen. Schwarzwald und Vogesen waren einst vereint, inzwischen haben sich die beiden Flanken der Ebene zwischen Mainz und Basel bereits 30 bis 50 Kilometer voneinander entfernt. Und die Spreizung hält an. Pro Jahrzehnt sacken die Flanken des Oberrheingrabens um einige Millimeter ab. Immer wieder ruckelt der Boden, zumeist unmerklich. Im Abstand von Jahrzehnten kommt es jedoch zu einem größeren Knall. Zuletzt wackelte am 13. April 1992 die Niederrheinische Bucht. Bei dem Beben der Stärke 5,9 gingen

Fensterscheiben und Häuserwände zu Bruch. Ein Mensch erlitt einen Herzinfarkt und starb, 20 Personen wurden verletzt. Versicherungen zahlten rund 120 Millionen Euro für Schäden an mehr als 1300 Häusern.

Auch die Schwäbische Alb und das Erzgebirge sind regelmäßig von Erdbeben betroffen. In den vergangenen 1000 Jahren ereigneten sich nachweislich etwa drei Dutzend harte Schläge in Deutschland. Weil es Erdbebenmessgeräte erst seit 1940 gibt, lässt sich die Stärke der Beben in der Zeit davor nur indirekt bestimmen, etwa anhand von Aufzeichnungen über die Zerstörungen und durch Untersuchungen von Gesteinsschichten. Das schwerste Beben nördlich der Alpen ereignete sich demnach im Jahr 1356, Forscher schätzen seine Stärke auf 6 bis 7. Es zerstörte Teile Basels, 300 Menschen starben, das Münster stürzte ein. Bei Ausgrabungen in Köln fanden Geoforscher Hinweise auf ein ähnlich starkes Beben im 9. Jahrhundert: Klüfte in Erdschichten und Mauern weisen auf einen starken Ruck hin. Die Folgen des Bebens sind jedoch nicht überliefert. Bei fünf historischen Beben in Deutschland gab es nachweislich Tote.

Doch selbst schwächere Beben könnten hierzulande eine Katastrophe auslösen – sofern sie in geringer Tiefe nahe einer Stadt auftreten. Bereits ab der Stärke 3 ist ein Erdbeben normalerweise für den Menschen spürbar, ab Stärke 5 gibt es meist größere Schäden, sofern die Gebäude nicht erdbebensicher gebaut sind. Forscher der Universität Karlsruhe und des Geoforschungszentrums Potsdam (GFZ) haben errechnet, welche Folgen Erschütterungen der Stärken 5 bis 6 hätten, die im Durchschnitt alle 475 Jahre auftreten, mit denen aber jederzeit zu rechnen ist. Den Analysen liegen Daten über den Gebäudebestand zugrunde und eine Karte mit dem Erdbebenrisiko für alle 13 490 Gemeinden Deutschlands, erstellt von Forschern um Gottfried Grünthal vom GFZ. Ihr Rechenmodell eichten die

Experten anhand der Schäden, die drei mittelschwere Beben in den Jahren 1978, 1992 und 2004 verursachten.

Das Ergebnis der Studie ist beängstigend: In Tübingen etwa ließe ein Schlag dieser Stärke bei jedem fünften Gebäude Dächer und Zwischenwände einstürzen, viele Gemäuer würden von tiefen Rissen durchzogen. Jedes 40. Haus bräche zusammen, nur jedes 20. bliebe unbeschädigt. Balingen und Albstadt träfe es ähnlich hart. Auch in Reutlingen, Düren, Kerpen und Lörrach wären schwere Schäden zu beklagen. In Köln würde ein deutlich geringerer Anteil der Gebäude demoliert, aber die Schäden wären mit insgesamt 790 Millionen Euro am größten, schätzen die Forscher um Sergej Tyagunow von der Uni Karlsruhe, dem Leitautor der Studie. In Aachen seien Einbußen von 560 Millionen Euro zu befürchten, Mönchengladbach, Reutlingen und Stuttgart müssten mit Schäden von mehr als 400 Millionen Euro rechnen, in Freiburg, Karlsruhe und Frankfurt am Main wären sie etwa halb so hoch. Die Studie errechnete nur die Kosten für Gebäudeschäden, wirtschaftliche Verluste wie Einnahmeausfälle blieben unbeachtet. Auch die Anzahl möglicher Toter und Verletzter wurde nicht berücksichtigt.

In manchen Kleinstädten und Dörfern würde ein starkes Beben noch größere Schäden anrichten als in den Metropolen, berichten Tyagunow und Kollegen. Denn auf dem Land stehen vergleichsweise viele Bauten aus labilem Mauerwerk. Generell gelten die größeren Bauten in Deutschland als robuster. Viele Hochhäuser sind gemäß den Bauvorschriften mit einem »Sicherheitszuschlag« aus Stahlbeton konstruiert. Ein starkes Beben wie jenes im Jahr 1356 könnte allerdings auch solche Stahlbauten gefährden.

Deutschland sei ungenügend auf Erdbeben vorbereitet, mahnt der Bauingenieur Lothar Stempniewski von der Universität Karlsruhe. Insbesondere vor 1981 errichtete Bauten seien anfällig.

Seither fordert die DIN-Norm 4149 Sicherheitsvorkehrungen für Bauten in Erdbebengebieten. Doch viele Schulen, Kindergärten und Krankenhäuser sind älter als 30 Jahre. Für Industrieanlagen, Atomkraftwerke, Talsperren und Brücken gelten striktere Vorschriften. So sollen Atomkraftwerke auch Starkbeben standhalten, die nur alle 10 000 Jahre vorkommen. Das schwere Seebeben

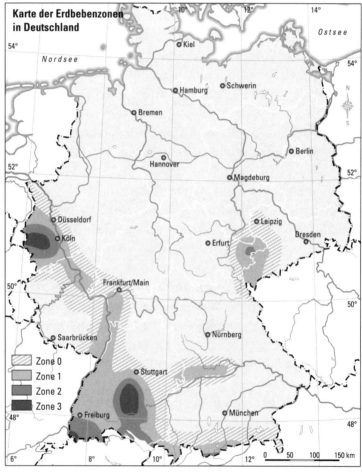

Die Karte zeigt Regionen in Deutschland, in denen stärkere Erdbeben drohen (in Zone 3 sind die heftigsten zu erwarten).

vor Japan im März 2011 jedoch hat gezeigt, dass scheinbar gut gesicherte Atomkraftwerke havarieren können – bereits die Erdstöße, nicht erst die Tsunamis beschädigten die Meiler schwer. Insbesondere ältere Industrieanlagen in Deutschland müssen überprüft werden, zumal wenn sie Chemikalien enthalten, fordert Stempniewski. Auch zahlreiche Brücken seien labil, etwa die Deutzer Brücke in Köln. Der Geologe Klaus-Günter Hinzen von der Universität Köln warnt, dass manche Baunormen nicht für Extremereignisse ausgelegt sind, was eingestürzte Hallendächer und geknickte Strommasten im vergangenen Winter gezeigt haben.

Die Sorge seiner Kollegen hält Christoph Butenweg von der RWTH Aachen jedoch für übertrieben. »Die Gefahr, in Deutschland durch einen Autounfall zu sterben, ist sicher größer als durch ein Erdbeben«, meint er. Es sei kaum praktikabel, alle Bauten zu überprüfen. Zudem fordere der gesetzliche »Bestandsschutz« für Gebäude keine Renovierung – erst wenn ohnehin Änderungen am Bau vorgenommen würden, könnten vom Eigentümer erdbebensichere Verstärkungen verlangt werden. Die Richtlinie sei nebensächlich, kontert Stempniewski. Das Baugesetz verlange zuvorderst »Schutz für Leib und Leben«. Doch politische Zwänge verhinderten die strikte Anwendung dieser Maxime. »Die Bundesländer müssten viel Geld für die Prüfung und Renovierung von Gebäuden ausgeben«, darin sieht Stempniewski das Dilemma. Er befürchtet, dass es erst zur Katastrophe kommen müsse, bevor gehandelt werde.

Die Politik sieht indes durchaus Handlungsbedarf. Sie hat die DIN-Norm für erdbebensicheres Bauen überarbeiten lassen; die neue Norm berücksichtigt die Bodenbeschaffenheit. Doch das Gesetz reiche nicht aus, mahnt Stempniewski. Hausbesitzer sollten besser über die Erdbebengefahr aufgeklärt werden. »Ehrlicherweise müsste man sagen: Pass mal auf, deine Bude kann zusammenfallen.« Alle paar Tausend Jahre wackelt nämlich der Boden im Rheinland und auf der Schwäbischen Alb so heftig, dass auch die neuen Baunormen keine Stabilität garantieren. Ein Horrorszenario, dessen Auswirkungen die Forscher in ihrer Studie außer Acht lassen.

Doch nicht nur die Natur lässt die Erde beben. Was lange Zeit als Hirngespinst galt, wird im nächsten Kapitel bestätigt: Auch der Mensch kann den Untergrund ins Wanken bringen. Bohrungen und andere Projekte haben mehr als 200 starke Beben ausgelöst – mit teils katastrophalen Folgen, auch in Deutschland.

23

Beben ist menschlich

Die Idee, so scheint es, taugt allenfalls für einen Science-Fiction-Krimi. Ein Bohrgestänge wird in den Boden getrieben. Von seinem unteren Ende aus läuft Wasser in den Untergrund. Auf einmal beginnt die Erde zu zittern. Erst unmerklich. Schließlich zerreißt der Boden aber mit einem lauten Knall, ein Beben erschüttert die Gegend, Gebäude wanken, Menschen fliehen aus ihren Häusern. Ursache solcher Ereignisse ist normalerweise die natürliche Bewegung der Erdplatten. Dass aber Menschen die kilometerdicke Gesteinskruste der Erde ins Wanken bringen können, erscheint unwahrscheinlich. Doch genau das ist schon oft geschehen.

So etwas hatten die Hamburger noch nicht erlebt. Am 20. Oktober 2004 um 8 Uhr 59 vibrierten im Zentrum und im Süden der Stadt plötzlich die Fußböden, Lampen schwangen hin und her, Putz bröckelte von den Wänden. Sekunden später erzitterten ganze Hochhäuser, und Menschen flohen ins Freie. In Rotenburg, auf halbem Weg zwischen Hamburg und Bremen, hatte sich ein Beben der Stärke 4,5 ereignet – mitten in einem Gasfördergebiet. Ein Ruckeln dieses Kalibers wurde in der Gegend noch nie registriert. Norddeutschland gilt als erdbebenfrei, selbst schwache Vibrationen der Erde sind selten. Am 15. Juli 2005 aber folgte der nächste Schlag: Erschütterungen der Stärke 3,8 ließen in Syke im niedersächsischen Landkreis

119

Diepholz Gebäude erzittern. Die Ursache beider Erdbeben schien rasch gefunden: Uralte Schwächezonen im Gestein in mehr als acht Kilometer Tiefe seien aufgerissen, erklärten Geophysiker. Nach Auswertung der Erdbebenwellen mit neuesten Methoden kamen Seismologen dann allerdings zu einem weitaus heikleren Ergebnis: Demnach war die Gasförderung für die Beben verantwortlich.

Nicht nur durch die Förderung von Erdgas kommt der Boden mitunter ins Wanken. Auch Erdwärmeanlagen, Ölförderung und Stauseen haben schon Dutzende Erdbeben ausgelöst. Weltweit hat es bis heute rund 200 vom Menschen verursachte starke Erdbeben gegeben, berichtet der Seismologe Christian Klose von der New Yorker Columbia Universität. Auch in Europa kommen derartige Erschütterungen immer wieder vor. Um sie auszulösen, bedarf es gewaltiger Kraft: Kilometerdicke Felsschollen im Untergrund müssen ruckartig gegeneinander verschoben werden. Die Kräfte, die durch Bohrungen in den Boden wirken, sind dafür zwar viel zu schwach. Aber sie treffen auf die Erdkruste, die überall unter großer Spannung steht – wie ein Gummiband kurz vorm Zerreißen. Deshalb kann es genügen, Kohle aus dem Untergrund zu schaufeln, damit das Gestein sich plötzlich verschiebt: Die Erdkruste wird ausgehöhlt, schließlich hält sie dem Gewicht des aufliegenden Gesteins nicht mehr stand und bricht – die Erde zittert.

Bei der weltweiten Erdgasförderung ist es bereits zu weitaus stärkeren Beben gekommen. In Frankreich bebte die Erde dreimal zwischen Stärke 5 und 6 und mehrfach stärker als 4. In Italien hat vermutlich die Förderung von Erdgas 1951 einen Schlag der Stärke 5,5 verursacht. In Kalifornien kam es 1983 zu einem 33-mal so starken Beben; es entsprach dem Wert 6,5. In Usbekistan verursachte die Gasförderung 1976 und 1984 sogar drei Schläge der Stärke 7 (die Höhe der Schäden wurde während der Sowjetdiktatur geheim gehalten). Klar ist jedoch, dass Erschütterungen dieser Stärke für nahe Siedlungen katastrophale Folgen haben. In Deutschland sind derartige Beben nach Meinung der Seismologen nicht zu befürchten, da hierzulande die Gasfelder deutlich kleiner sind. Gleichwohl ist unklar, wie stark die Gasfelder in Norddeutschland in Bewegung geraten können. Der Geophysiker Klose kann hier nur eine Tendenz andeuten: »Dauert die Förderung an, nimmt der Druck meist zu.«

Im Bergbau können Erdbeben ausgelöst werden, weil beim Ausschachten von Kohle, Erz oder Salz Hohlräume entstehen. Das darüberliegende Gestein sackt ab. Wird der Druck zu groß, bricht der Fels. Je mehr Gestein dabei in Bewegung gerät, desto stärker das Beben. So löste im März 1989 in Thüringen der Einsturz einer Kalisalzmine ein Beben der Stärke 5,6 aus. In der betroffenen Ortschaft Völkershausen mussten zahlreiche Gebäude abgerissen werden. Es folgte ein politischer Streit: Beide deutsche Staaten gaben sich gegenseitig die Schuld. Im Dezember 1989 ließ ein Beben im australischen Kohlebergbaugebiet Newcastle gleich Hunderte Häuser zusammenkrachen. Bei dem Schlag der Stärke 5,6 starben 13 Menschen, 160 wurden verletzt. Die Schäden beliefen sich auf dreieinhalb Milliarden US-Dollar. »Die Kosten waren höher als die Einnahmen durch die Mine seit ihrer Eröffnung 1799«, sagt Klose. Trotz der Kritik von Wissenschaftlern wies die Bergbaufirma die Verantwortung zurück; das Beben habe natürliche Ursachen gehabt. Doch der Abbau von 500 Millionen Tonnen Kohle entlastete den Untergrund auf riskante Weise, hat Klose berechnet. Weil immer mehr Auflast fehlte, geriet eine kilometerlange Gesteinsnaht im Boden zunehmend unter Spannung. Bis Dezember 1989 hatte sich der Druck um etwa 0,1 Atmosphären erhöht. Ein gefährlicher Schwellenwert war erreicht, Erdbeben waren damit jederzeit möglich geworden.

Bevölkerung und Politiker erkennen die Gefahr meist erst, wenn es zu spät ist. So auch beim Bau von Stauseen. Ihre

Wassermasse erhöht den Druck im Untergrund. Im Dezember 1967 löste der Koyna-Stausee in Indien ein Beben der Stärke 6,3 aus, 200 Menschen kamen um. Auch das schwere Beben in Südchina am 12. Mai 2008, bei dem 80 000 Menschen starben und Hunderttausende schwer verletzt wurden, ist vermutlich von einem künstlichen Stausee verursacht worden. Die Ingenieure hatten beim Bau ignoriert, dass in der Nähe eine spannungsgeladene Gesteinsnaht den Untergrund durchzieht; ein Gewicht von 320 Millionen Tonnen lastete auf dem fragilen Untergrund. Die Spannung im Untergrund habe sich 25-mal so stark erhöht wie normalerweise, berichtet Christian Klose.

Erschütterungen wie bei dem Beben in Südchina sind bei der Gewinnung von Erdwärme zwar nicht zu erwarten. Gleichwohl schockten Beben an einer Erdwärmeanlage die Bevölkerung von Basel. Bis Dezember 2006 presste die Geopower Basel AG durch eine Bohrung Wasser fünf Kilometer tief in den felsigen Untergrund. Es sollte, von der Wärme der Erde erhitzt, wieder aufsteigen und Dampfturbinen antreiben. Doch die potenzielle Energiequelle für Tausende Haushalte erwies sich als gefährlich: Der Wasserdruck hatte den Untergrund derart unter Spannung gesetzt, dass er mehrmals mit lautem Knall barst. Zwar gab es kaum Schäden, das Risiko weiterer Beben schien aber groß. Das Projekt wurde gestoppt. Auch in Australien, Frankreich und Kalifornien haben ähnliche Anlagen in der Vergangenheit erhebliche Erschütterungen verursacht. Im französischen Soultz-sous-Forêts am Oberrheingraben, wo seit 1993 ein Erdwärmeprojekt betrieben wird, beschwerten sich 2003 nach einem leichten Beben der Stärke 2,9 die Anwohner. Sie hatten Sorge um ihre Häuser. Die Betreiber drosselten daraufhin den Wasserdruck im Bohrloch erheblich. Erdbeben gab es seither nicht mehr. Doch die Anlage produziert nun weitaus weniger Energie. Um die Gefahr zu verringern, schlagen Geophysiker gleichwohl vor, mehrere kurze Bohrungen zu machen statt einer tiefen, da oberhalb von vier Kilometern eingepumptes Wasser bislang noch nie ein spürbares Beben ausgelöst habe.

Die Erkenntnisse über menschengemachte Beben könnten die sogenannte CCS-Technologie in Verruf bringen, mit der Forscher die Klimaerwärmung abschwächen möchten. Dabei soll das Treibhausgas Kohlendioxid (CO_2) in großen Mengen in den Boden gepumpt werden. Doch der Druck in einem CO_2-Lager würde sich zwangsläufig erhöhen. Zwar erwartet niemand in bislang erdbebenfreien Gegenden Starkbeben wie etwa in Kalifornien. In Regionen aber, die von geologischen Verwerfungen durchzogen sind, seien immerhin Beben der Stärke 4,5 möglich, haben Seismologen errechnet. Der gegenwärtige Wissensstand über die Erdbebengefahr durch CO_2-Einpressung sei aber »bei Weitem nicht ausreichend«, resümierte die Bundesregierung in einem Sachstandsbericht. Gleichwohl haben selbst Umweltverbände wie Greenpeace oder der WWF die CCS-Technologie bereits als Mittel einkalkuliert, mit dem die Klimaerwärmung gebremst werden könnte. Angesichts der zahlreichen Bohr- und Bergbauprojekte spricht Seismologe Klose in Anspielung auf den Treibhauseffekt allerdings plakativ von »geomechanischer Verschmutzung«. Während die Erwärmung der Erde jedoch weltweit von Bedeutung ist, betreffen geomechanische Projekte nur bestimmte Regionen.

Das vielleicht schlimmste Beispiel einer menschenverursachten Katastrophe schildert das nächste Kapitel: Mitten in Europa hat ein Staudammprojekt einen Tsunami aus Schlamm und Wasser ausgelöst, der beinahe 2000 Menschen tötete. Ingenieure hatten alle Warnungen ignoriert, Kritiker wurden zum Schweigen gebracht.

24

Als der Berg in den See fiel

Es war eine der schlimmsten Naturkatastrophen, die sich je in Europa ereignet haben. Am 9. Oktober 1963 löste sich in den italienischen Alpen eine 270 Millionen Tonnen schwere Flanke von dem Berg Monte Toc; sie stürzte in den Vajont-Stausee. 25 Millionen Tonnen Wasser schwappten über den Staudamm, eine 160 Meter hohe Flutwelle vernichtete fünf Dörfer im Tal. Fast 2000 Menschen starben. Der Bergrutsch löste einen der größten politischen Skandale der italienischen Geschichte aus. Jahrelang hatten Geschäftsleute, Politiker und Wissenschaftler Alarmsignale am Berg ignoriert. Mit aller Kraft sollte der Bau eines riesigen Wasserkraftwerks vorangetrieben werden. Warnungen einzelner Experten blieben unbeachtet. Noch bis 1997 stritten Angehörige der Opfer und Menschen, die ihre Häuser verloren hatten, mit dem italienischen Staat vor Gericht um Entschädigungszahlungen. Abertausende Beweisstücke wurden zusammengetragen: Dokumente, Zeugenaussagen und Untersuchungsergebnisse.

Die Katastrophe von Vajont begann mit Betrug. Die Adriatische Elektrizitätsgesellschaft SADE hatte in den 1930er-Jahren beantragt, ein Wasserkraftwerk in den Bergen 100 Kilometer nördlich von Venedig bauen zu dürfen. Die Firma plante eine abenteuerliche Architektur, wie sie zuvor niemand gewagt hatte: In einem steilen Alpental wollte sie das Wasser mehrerer Flüsse stauen (der Vajont-Staudamm ist noch heute mit 261 Metern der höchste seiner Art). Dabei wussten Geologen um die bewegte Geschichte der Region: Das Vajont-Tal besteht aus dem Erdreich eines Bergrutsches, der vor Jahrtausenden abgegangen ist. Baut man eine Talsperre, wo zuvor ein Berg kollabiert ist?

Mit dieser Frage hielten sich die Verantwortlichen nicht auf. Bereits bei der Genehmigung des Bauwerks ging es nicht mit rechten Dingen zu. Am 15. Oktober 1943 erteilte das zuständige Ministerium der SADE die Bauerlaubnis, obwohl nicht genügend Stimmberechtigte anwesend waren. Die SADE trieb das Projekt mit Entschiedenheit voran. Hunderte Familien wurden enteignet und umgesiedelt. Der Bau der Staumauer begann 1956, noch bevor die Regierung zugestimmt hatte. Einspruch seitens der Politik hatte die SADE nicht zu befürchten. Im Gegenteil: Das Ministerium berief als Sachverständige Geologen, die auf der Lohnliste der SADE standen. Bald stellte sich heraus, dass ihre Expertise unvollständig war. Während der Bauarbeiten rissen an den Hängen über dem Tal Straßen auf. Hastig wurde nach einem geologischen Gutachten gesucht. Doch nur die Flanken unterhalb der geplanten Staumauer waren geologisch analysiert worden. Für die Hänge fehlte ein Gutachten.

Drei Jahre nach Beginn der Bauarbeiten wurden endlich weitere Experten mit Erkundungen beauftragt. Der Österreicher Leopold Müller erkannte als Erster, dass eine Katastrophe drohte: Der Geologe identifizierte eine 600 Meter dicke und zwei Kilometer weite M-förmige Rutschmasse auf dem Monte Toc. Doch Müllers Warnung fand kaum Gehör bei den Verantwortlichen, andere Experten widersprachen. Der Bergrücken bestehe aus kompaktem, stabilem Gestein, erklärte zum Beispiel der Geophysiker Pietro Caloi. Auch der Chefingenieur des Vajont-Staudamms, Carlo Semenza, blieb starrsinnig. Er ließ sich selbst dann nicht beeindrucken, als sein Sohn Edoardo Semenza – selbst Geotechniker – die Planungen infrage stellte.

Dieser verschärfte sogar die Warnung von Leopold Müller: Er hatte entdeckt, dass sich 200 Millionen Kubikmeter Gestein auf dem Berg unmerklich talwärts bewegten. Seine Schätzung kam der schließlich abgestürzten Gesteinsmenge ziemlich nahe. Vater Semenza versuchte dennoch, seinen Sohn zu bewegen, die Aussagen abzuschwächen. Doch der weigerte sich. So beschlossen die SADE und Politiker, das nicht genehme Gutachten unter Verschluss zu halten und zu ignorieren. Gegner des Projekts wurden von den öffentlichen Stellen verfolgt: Die Journalistin Tina Merlin etwa, die in einem Zeitungsartikel vor der Gefahr eines Bergsturzes gewarnt hatte, wurde verklagt. Für die Regierung gab es kein Zurück mehr, der Staudamm war im Herbst 1959 fertig geworden. Die SADE begann damit, den See zu füllen, zunächst zur Probe. 1960 war das Wasser so weit gestiegen, dass es an den Fuß der labilen Bergflanke schwappte. Schon im November 1960 gab der Berg eine Warnung: Ein mächtiger Gesteinsblock stürzte ins Wasser, im Hang taten sich meterbreite Gräben auf – sie verliefen M-förmig, wie es Leopold Müller vorhergesagt hatte. Die Gräben umrissen die Gesteinsmasse, die drei Jahre später in den See stürzen sollte.

Nun hatten die Anwohner erkannt, dass sie in großer Gefahr waren. Pietro Caloi bezweifelte jetzt sogar sein eigenes Untersuchungsergebnis. Die Bedrohung schien offensichtlich: Der Berg könnte sich mit Wasser vollsaugen und damit seine Stabilität verlieren. Einzig der vom Staat eingesetzte Geologe Francesco Penta blieb bei seiner Einschätzung, dass keine Gefahr drohe. Im Dezember 1961 erteilte das Ministerium die Genehmigung, den See beinahe komplett zu fluten. Die Füllprobe dauerte bis Oktober 1962. Leichte Erdbeben ließen während der gesamten Zeit das Tal vibrieren.

Die eindringlichste Warnung erhielt die SADE am 3. Juli 1962 von Wasserbauingenieuren. Laborexperimente mit einem Wassertank hatten ergeben, dass das Wasser des Sees nach einem

Bergsturz über die Staumauer treten und Siedlungen im Tal überfluten würde. Doch die Firma hielt den Bericht geheim, der Weg war frei für die Fertigstellung des Projekts. Im April 1963 erteilte das Ministerium die Genehmigung, den Stausee endgültig zu füllen. Was danach im Berg geschah, haben Emmanuil Veveakis und seine Kollegen von der Technischen Universität Athen am Computer minutiös nachvollzogen. Sie fügten die bekannten Ereignisse und geologischen Informationen zusammen und ließen den Kollaps am Computer in Zeitlupe ablaufen. Während sich der Stausee allmählich füllte, begann der Berg zu vibrieren. Im August setzte sich die Flanke merklich in Bewegung. Am 3. September erschütterte dann ein heftiges Erdbeben das Vajont-Tal. »Alles unter Kontrolle«, beruhigte der Bürgermeister eines Dorfes im Tal die Anwohner.

Am 15. September ruckte die gesamte Flanke am Toc um 22 Zentimeter nach unten. Damit wurde das Argument der SADE widerlegt, das Gestein würde im Ernstfall nicht auf einmal ins Wasser fallen. Die Verantwortlichen sahen ein, dass sie das Projekt stoppen mussten. Sie glaubten jedoch, dass sie nur das Wasser abzulassen brauchten, um die Rutschung zu beenden. Doch auch nachdem die Schleusen geöffnet wurden, bewegte sich die Flanke weiter – bis sie am 9. Oktober 1963 vollständig in den Stausee fiel. In den Tagen vor der Katastrophe war die Bewegung der Landschaft deutlich erkennbar. Bäume, Zäune und Straßen wurden von dem abrutschenden Boden talwärts gezogen.

Emmanuil Veveakis und seine Kollegen haben eine Erklärung dafür gefunden, warum der entscheidende Rettungsversuch scheiterte. Die stete Reibung der Gesteine habe eine Tonschicht unter der Flanke stark aufgeheizt, schreiben die Forscher. Drei Wochen vor der Katastrophe wurde die Hitze so groß, dass sich unter dem Gestein ein heißes Luftkissen bildete – wie unter einem Dampfbügeleisen. Auf diesem Hitzekissen beschleunigte sich die Masse. Schließlich wurde die Bergflanke nur noch von einzelnen Tonmolekülen gehalten, die aneinander hafteten wie Klettverschlüsse. Am 9. Oktober 1963 um 22 Uhr 39 jedoch sprengte heißes Wasser diese Verbindungen bei einem sogenannten thermoplastischen Kollaps. Die Bergflanke rutschte mit fast 100 Kilometern pro Stunde zu Tal und stürzte in den Stausee. Das Wasser schoss über die Staumauer. Es trieb einen Sturm vor sich her, der Menschen im Tal die Haut vom Körper riss. Die Flutwelle löschte fünf Dörfer komplett aus, andere wurden zu großen Teilen zerstört. Im Städtchen Longarone gab es die meisten Opfer.

In Dutzenden Gerichtsprozessen wurde die Katastrophe in den folgenden Jahrzehnten verhandelt. 1971 wurden mehrere Verantwortliche zu Gefängnisstrafen verurteilt. Den Opfern wurde erst 1997, 34 Jahre nach dem Desaster, Schadenersatz von insgesamt 22 Milliarden Lire – heute etwa elf Millionen Euro – zugesprochen. In der Zwischenzeit waren unzählige geologische und technologische Gutachten vor Gericht diskutiert worden. All diese Expertengutachten hatten das Staudammprojekt nicht verhindert. Die Verantwortlichen hätten wohl eher nach der Bedeutung der Landschaftsnamen fragen sollen: Die beiden Bergwände beiderseits des Vajont-Tals heißen »Salta« und »Toc«. »Salta« bedeutet in der Sprache der Einheimischen »Spring«, und »Toc« heißt »morsches Stück«. »Vajont« heißt im Ladinischen, der Sprache der Region in Norditalien, »va giù«, was besagt: »Er geht runter.«

Noch verheerender als der Bergrutsch von Vajont wäre wohl nur ein Meteoriteneinschlag. Tatsächlich krachte vor 15 Millionen Jahren ein 1000 Meter dicker Meteorit auf Süddeutschland – wo heute Großstädte liegen, schlugen tonnenschwere Trümmer ein. Im nächsten Kapitel klären Geologen, warum der Einschlag so explosiv war. Noch in Böhmen finden sich Spuren von Europas größter Naturkatastrophe.

25

Europas Urkatastrophe

Einen Meteoriteneinschlag hat heute kaum jemand auf der Rechnung – doch was nach Hollywoodkino klingt, ist in Deutschland schon passiert. Hätte sich der 1000 Meter dicke Steinbrocken, der einst auf die Erde krachte und so das Nördlinger Ries entstehen ließ, nur um ein paar Millionen Jahre verspätet, wären die Folgen verheerender als nach einem Atomkrieg. Geoforscher haben nun das Rätsel gelüftet, warum der Einschlag so explosiv war.

Vor rund 15 Millionen Jahren krachte bei Nördlingen jenes Geschoss aus dem All mit 70 000 Kilometern pro Stunde in die Landschaft – auf halbem Weg zwischen München, Stuttgart und Nürnberg. Der Meteorit bohrte sich einen Kilometer tief in die Erde und riss einen 24 Kilometer breiten Krater, heute bekannt unter dem Namen Nördlinger Ries. Und der Meteorit war nicht allein, ein Mond umkreiste ihn. Die 100 Meter dicke Eisenkugel schoss 40 Kilometer südwestlich vom Ries in den Boden. Sie hinterließ das Steinheimer Becken, eine heute fast vier Kilometer breite Kuhle.

Was genau passiert bei einem solchen Einschlag, weshalb wäre er in der heutigen Zeit so verheerend? Zuerst schmilzt der steinerne Boden unter dem Aufprall. Daraufhin schießt eine 20 000 Grad heiße Glutwolke drei Kilometer in die Höhe, sie versengt im Umkreis von Dutzenden Kilometern alles Leben. Die

Sprengkraft von Hunderttausenden Atombomben katapultiert einen Hagel aus 300 Milliarden Tonnen Gestein in die Landschaft, die Trümmer fliegen 400 Kilometer weit – sie würden bis nach Österreich, in die Schweiz, sogar nach Böhmen reichen, in Stuttgart, München, Augsburg und Nürnberg würden tonnenschwere Kalkblöcke einschlagen. Kurz darauf geht ein mehrere Tausend Grad heißer Regen aus Glut und Säure nieder.

Geschosse und Feuer aus dem Himmel – dieses apokalyptische Szenario ereignete sich vor 15 Millionen Jahren. (Der Zeitpunkt ist umstritten: Der neuesten Datierung zufolge krachte der Trumm aus dem All vor genau 14,59 Millionen Jahren auf die Erde.) Die beste Aussicht auf den Schauplatz des Schreckens bieten die Anhöhen der Schwäbischen Alb: Östlich der Hügel klafft der Meteoritenkrater Nördlinger Ries, eine weite Kuhle mit Wäldern, Wiesen und Dörfern, in deren Mitte die kreisrunde Stadt Nördlingen; viele der heutigen Gebäude bestehen aus Trümmern jener gewaltigen Bombe aus dem All; sie enthalten sogar Diamantsplitter.

Der Meteorit traf Süddeutschland im Zeitalter des Miozäns, als dort regelrecht paradiesische Zustände herrschten: Elefanten, Urpferde und Affen durchstreiften eine üppige Subtropenlandschaft wie im heutigen Florida, mit Sümpfen und offenen Wäldern. Pelikane, Schildkröten und Krokodile rasteten an Tümpeln, Schlangen krochen durchs dichte Schilfgestrüpp. Sie alle waren dem Tod geweiht, als der kilometerdicke Steintrumm Kurs Richtung Erde nahm.

Seit Langem wundern sich Experten, dass im Boden des Nördlinger Ries im Gegensatz zu ähnlichen Meteoritenkratern nur wenig Spuren geschmolzenen Gesteins zu finden sind. Ein Meteorit dieser Größe hätte den Boden eigentlich Dutzende Meter tief schmelzen lassen müssen. Eine neue Bohrung in den Krater hat nun eine lediglich fünf Meter dünne Schmelzschicht zutage gefördert – Forscher präsentieren eine Erklärung dafür.

»Der Meteorit wurde regelrecht pulverisiert«, sagt der Geologe Thomas Kenkmann von der Universität Freiburg. Ursache seien große Mengen Grundwasser in der damaligen Sumpflandschaft, sie hätten den Einschlag besonders explosiv gemacht, erklärt Natalia Artemieva vom Planetary Science Institute in Tuscon, USA; das Grundwasser sei beim Einschlag des Meteoriten in gigantischer Menge auf einmal verdampft. Dabei sei der Boden regelrecht zerfetzt, das geschmolzene Gestein größtenteils weggesprengt worden. Im Riesgestein fänden sich auffällig viele Minerale, die sich bei großer Hitze unter Zugabe von Wasser bildeten. Der Aufprall habe sogar dauerhaft Heißwasserfontänen im Ries sprießen lassen, berichten Forscher um Gernot Arp von der Universität Göttingen. Die Geochemiker haben im Krater Kalkminerale gefunden, die an sogenannten hydrothermalen Quellen in Vulkangebieten entstehen. Die Fontänen waren offenbar die Vorläufer einer erstaunlichen Seenlandschaft.

Im Nördlinger Ries schwappte nach dem Einschlag ein giftiger Salzwassersee; vorbei war es mit den paradiesischen Wassertümpeln. Beim Einschlag hatten sich Salzminerale aus dem Untergrund gelöst, die das in den Krater strömende Grundwasser zu einer lebensfeindlichen Brühe machten. Nur wenige Einzeller konnten überleben: Gernot Arp und seine Kollegen fanden Spuren winziger Salzwasserorganismen, sogenannter Stromatolithen, die in solchen Salzwasserseen leben; sie hatten die Fossilien bei Bohrungen im Ries entdeckt.

Die Umgebung des Sees wurde nach dem Einschlag aber bald wieder von den Tieren zurückerobert; sogar im Schilfgürtel herrschte reges Treiben. Dort, am Rande des Nördlinger Ries, finden Geologen immer wieder versteinerte Reste zahlreicher Vögel, Schildkröten, Igel, Schlangen und von marderähnlichen Raubtieren.

Der Meteoriteneinschlag hat Süddeutschland für immer verändert: Auswurfmassen blockierten Flüsse, die sich neue

Wege bahnen mussten. Nordöstlich des Kraters etwa staute sich der Rezat-Altmühlsee, er wurde doppelt so groß wie der heutige Bodensee. Der Meteorit trennte zudem die Fränkische Alb von der Schwäbischen Alb, die als Wetterscheide Wolken abfängt: Die vom Meteoriten zerlegte Landschaft um Nördlingen gehört seither zu den sonnenreichsten in Deutschland. Schon die Frühmenschen fühlten sich dort besonders wohl, wie zahlreiche Werkzeugfunde beweisen.

Das wichtigste Rätsel ums Ries, das die Forscher noch zu lösen haben, lautet aber: Warum wölbt sich im Zentrum des Kraters kein Hügel wie bei anderen Meteoritenkratern? Üblicherweise wirft ein Einschlag in der Mitte einen Klumpen Erdmasse auf – ähnlich wie beim Kaffee, wenn ein Zuckerstück in die Tasse plumpst. Um das Geheimnis zu lüften, sollten vielleicht mal wieder ausländische Forscher den Krater inspizieren, sie haben schon einmal für den Durchbruch gesorgt: Als 1961 der Amerikaner Edward Chao und sein Kollege Eugene Shoemaker als Erste Meteoritenspuren im Ries entdeckt haben wollten, gaben sich die einheimischen schwäbischen Geologen skeptisch: »Der herglaufene Chinäs', der auch noch ein Ami isch…«, spotteten sie, könne das Rätsel um den Krater bei Nördlingen doch nicht gelöst haben. Hatte er doch – seither kennt Deutschland das katastrophalste Naturereignis seiner Geschichte.

Das vielleicht größte Desaster der Zukunft ergründet das nächste Kapitel: einen Vulkanausbruch mitten in Deutschland.

26

Magma unter Deutschland

Ein Knall, gefolgt von wummerndem Donner, lässt von Frankfurt am Main bis nach Köln Scheiben und Türen erzittern. In Bonn und Koblenz erblicken die Bewohner die Ursache des Lärms: Am Horizont steigt eine tiefrote Wolke empor, die Hügel der Eifel scheinen zu glühen. Bald prasseln Asche und Steine vom Himmel. Während Feuerwehr und Krisenstäbe hektisch und hilflos debattieren, wie sie reagieren sollen, schießen Glutströme zu Tal. Die Lava walzt Ortschaften nieder und sammelt sich im Rhein. Wasser staut sich bis in die Nebenflüsse und überschwemmt den Oberrheingraben. Von Straßburg über Mannheim bis nach Frankfurt werden Atomkraftwerke, Chemiefabriken und Flughäfen geflutet. Ein Vulkanausbruch in Deutschland, so scheint es, taugt allenfalls für einen Katastrophenfilm. Doch Geologen wissen: Die Eifelvulkane sind nicht erloschen, sie könnten jederzeit erwachen.

Der Geologe Ulrich Schreiber von der Universität Duisburg beispielsweise warnt vor den Folgen einer Eruption in Deutschland. Das Risiko werde missachtet, sagt der Experte. »Ein Ausbruch ist möglich«, stimmt der Seismologe Klaus-Günter Hinzen von der Universität Köln zu, der die Bodenbewegungen in der Eifel überwacht. »Natürlich ist die Bedrohung nicht mit der am Vesuv vergleichbar«, sagt Schreiber. Es gebe keine Hinweise auf einen unmittelbar bevorstehenden Ausbruch. Doch das könne sich innerhalb weniger Monate ändern. Die Gefahr verdiene vor allem deshalb mehr Beachtung, weil am Rhein Hochindustrie und Millionen Menschen in der Nähe eines aktiven Vulkans siedeln. Man sollte den Ernstfall durchspielen, fordert Schreiber. Für einen Vulkanausbruch in der Eifel gebe es keinen Notfallplan.

Die Experten sind sich einig, dass es in der Eifel wieder zu Eruptionen kommen wird – doch niemand kann sagen, wann. »Womöglich vergehen noch Jahrtausende, es kann aber auch schon in ein paar Monaten so weit sein«, sagt Hinzen. Anscheinend stehe die Eifel am Beginn einer neuen Aktivitätsphase, meint der Vulkanologe Hans-Ulrich Schmincke vom Leibniz-Institut für Meereswissenschaften in Kiel, der die Eifelvulkane jahrelang erforscht hat. Die letzte Ruhephase endete abrupt: Vor 12 900 Jahren kam es zu einer gigantischen Eruption. »Damals herrschte vermutlich ähnliche Gelassenheit wie heute«, glaubt Schmincke. »Die Ur-Rheinländer rechneten sicher nicht mit einem Vulkanausbruch, schließlich lag der letzte rund 100 000 Jahre zurück.« Doch eines Tages war aufquellendes Magma mit Grundwasser in Berührung gekommen. Die Druckwelle der darauf folgenden Explosion knickte sämtliche Bäume in der Umgebung um wie Streichhölzer. Asche schoss 30 Kilometer hoch und gelangte mit dem Südwestwind bis nach Schweden. Westdeutschland versank in grauem Ascheregen. Lava staute den Rhein bei Andernach, die Region des heutigen Koblenz stand metertief unter Wasser; Tage später brach der Lava-Damm. Eine Flutwelle schoss bis in die Niederlande, meterhohe Schlammströme und Wassermassen begruben das Rheintal. Prähistorische Werkzeuge und Skelette in den Geröllschichten zeigen, dass die Ur-Rheinländer von der Katastrophe überrascht wurden. Nachdem sich das Magma-Reservoir am Ort der Eruption geleert hatte, stürzte der Boden ein – die Kuhle füllt heute der Laacher See.

Die bislang letzte Eruption ereignete sich vor 11000 Jahren, sie führte zur Entstehung des Ulmener Maars, blieb aber regional begrenzt – nur in der Umgebung ging damals ein Stein- und Ascheregen nieder. In der Eifel finden sich Spuren Hunderter Vulkanausbrüche. Ihre Ablagerungen verfestigten sich zu Asche- und Lava-Steinen, die seit der Römerzeit in großer Menge abgebaut werden. Daneben zeugen 50 kleine Krater von Magma-Explosionen. Die sogenannten Eifel-Maare bilden heute eine berühmte Seenlandschaft. Experten, die die vulkanischen Ablagerungen untersucht haben, verwundert die inzwischen 11000 Jahre lange Pause. Die Eruption des Laacher-See-Vulkans vor 12900 Jahren war die erste seit gut 100000 Jahren. Vieles spricht dafür, dass sie der Auftakt für eine lange Eruptionsserie gewesen ist, die bis heute anhält. Denn die drei

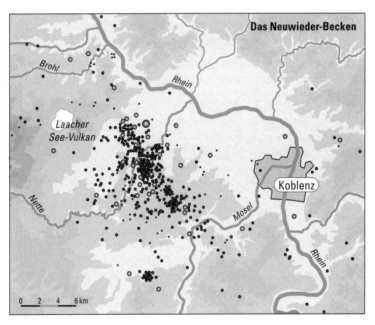

Die Punkte auf der Karte stehen für leichte Erdbeben in der Eifel – sie künden von Magma im Untergrund.

vorigen Ausbruchsphasen in den letzten 450 000 Jahren dauerten jeweils einige Zehntausend Jahre, wie Forscher um Hans-Ulrich Schmincke herausgefunden haben. Weltweit folgen Vulkane analogen Zyklen. Verliefe es in der Eifel ähnlich, seien »in der allernächsten geologischen Zukunft« zahlreiche Eruptionen zu erwarten, schrieb der Geophysiker Gerhard Jentzsch von der Universität Jena in einem Gutachten für die Bundesregierung.

Am ehesten erwarten die Forscher lokal begrenzte Eruptionen wie zuletzt am Ulmener Maar. Denn das Erdreich der Eifel ist in Bewegung. Vor allem zwischen Laacher See und Koblenz künden regelmäßig schwache Erdbeben von der Gefahr im Untergrund. Vermutlich löst aufsteigendes Grundwasser, das von dem Magma-Reservoir in 50 Kilometer Tiefe erhitzt wird, die Vibrationen aus. Der Boden um den Laacher See ist bereits in einem Kilometer Tiefe 60 bis 70 Grad warm – ein ungewöhnlicher Wert. In den 1990er-Jahren meinten Forscher darin die Nachwehen der Eifel-Vulkane zu erkennen. Doch inzwischen deuten sie die Signale als Zeichen anhaltender Aktivität. Noch ein weiteres Lebenszeichen der Eifel-Vulkane blubbert im Laacher See: Blasen im Wasser zeugen von Kohlendioxid-Gas, das aus dem Magma stammt. Steigt das Magma auf, setzt es vermutlich mehr CO_2 frei.

Für einen Vulkanausbruch müsste sich nur noch ein wenig mehr Magma im Untergrund sammeln. Das könne binnen Monaten geschehen, erklärt der Geophysiker Joachim Ritter von der Universität Karlsruhe, der den Untergrund im Rahmen des Eifel-Plume-Projekts mithilfe von Schallwellen durchleuchtet hat. Erhöht sich der Gasdruck, könnte das 1000 Grad heiße Gesteinsgemisch hervorschießen, so Ritter. Ob Wissenschaftler es bemerken, wenn verstärkt Gase ausströmen, ist unklar. In der Eifel stehen kaum Messgeräte, und bislang hielten Experten und Politiker es nicht für nötig, in ein Vorwarnsystem zu investieren, die Gefahr erschien ihnen zu theoretisch. »Eine

systematische Überwachung der Vulkane ist nicht möglich«,
klagt Schreiber. Der Geologe setzt seine Hoffnung auf Ameisen: Die Krabbeltiere könnten einen bevorstehenden Ausbruch
als Erste bemerken. Ähnlich wie ein Kaminfeuer die Störche
vom Schornstein vertreibe, verscheuche das Kohlendioxid die
Insekten aus ihren Nestern, die sie bevorzugt auf tektonischen
Rissen in der Erde anlegten. Diese Theorie wird derzeit von
Ameisenforschern diskutiert. Ohne Ameisen, glaubt Schreiber,
würde es wohl nicht auffallen, wenn sich vermehrt Magma im
Untergrund sammeln sollte.

Auch unter Süditalien schlummert eine feurige Gefahr: Die
Phlegräischen Felder gelten als sogenannter Supervulkan – mitten in einem dicht besiedelten Gebiet. Und der Koloss bei Neapel zeigt ungewohnte Aktivität. Im nächsten Kapitel nähern sich
Wissenschaftler dem Monster auf extreme Weise: Eine Bohrung
ins Herz der Magma-Schleuder soll den Vulkangiganten unter
Kontrolle bringen.

27

Nadelstiche ins Höllenfeuer

Die Bohrung bei Neapel zielt mitten ins Herz eines der gefährlichsten Vulkane der Welt. Es geht um die Phlegräischen Felder, ein rund 150 Quadratkilometer großes Gebiet in der Nähe der Metropole am Mittelmeer, gegenüber dem Vesuv. Das Ziel des gewagten Unternehmens: herauszufinden, wo das Magma brodelt.

Die Phlegräischen (»Brennenden«) Felder nahe Neapel sind eine gespenstische Landschaft. Aus gelbbraunen Hügeln wehen schweflige Dämpfe, die nach faulen Eiern riechen. Mancherorts schießen Fontänen heißen Wassers aus der Erde. Doch im Gegensatz zum Vesuv verrät kein Vulkankegel das Ungetüm. Beim letzten großen Ausbruch vor 39 000 Jahren stürzte die Erdkruste ein, nachdem sich die riesige Magma-Kammer entleert hatte. Zurück blieb ein Krater, die sogenannte Caldera. In ihr liegt nun der Großteil der Metropolregion Neapel. Angesichts von eineinhalb Millionen Menschen in der näheren Umgebung handele es sich um »das gefährlichste Vulkangebiet der Welt«, so Giuseppe De Natale vom INGV-Osservatorio Vesuviano in Neapel, der Leiter des Bohrprojekts. Eine große Eruption wie vor 39 000 Jahren könne gar »weite Teile Europas« unter einer dicken Ascheschicht begraben, ergänzt Agust Gudmundsson von der Universität London. Geoforscher stufen die Phlegräischen Felder als Supervulkan ein.

Ein Wissenschaftlerkonsortium will im Rahmen des International Continental Scientific Drilling Program (ICDP) und des Integrated Ocean Drilling Program (IODP) an sieben Stellen des Monstrums Bohrungen anbringen – sechs in den Meeresboden, eine ins Festland. Ziel sei es, Ausbrüche vorhersagen zu können und das Verhalten von Vulkanen zu verstehen, so De Natale. Die Forscher wollen Einblick in das Innere des Ungetüms erhalten und in den Bohrlöchern Messgeräte installieren. Die Planung war anspruchsvoll, die Behörden mussten von den Sicherheitsvorkehrungen überzeugt werden. Experten des Geoforschungszentrums Potsdam (GFZ) entwickelten eigens ein Bohrgerät, das der Hitze im Untergrund widerstehen soll. Wissenschaftler vermuten, dass Magma die Erdkruste im Bohrgebiet auf mehr als 500 Grad erwärmt.

Wie es im Untergrund aussieht, wissen die Forscher nur aus indirekten Beobachtungen, etwa mithilfe von Schallwellen, die Querschnittbilder des Bodens liefern. Die oberen Erdschichten der Phlegräischen Felder scheinen demnach uninteressant: Sie bestehen vor allem aus Kalkstein. Es gibt aber Hinweise auf Magma in sieben bis acht Kilometer Tiefe – und die wichtigste Frage ist laut De Natale, ob nicht auch in geringerer Tiefe geschmolzenes Gestein schlummert. Die Bohrungen sollen jedoch nur bis zu vier Kilometer tief in den Boden vordringen. Damit erscheint es eher unwahrscheinlich, dass man direkt auf Magma trifft. Gefahr bestehe so oder so keine, beruhigt De Natale.

Vulkanologen debattieren sehr wohl, ob solche Bohrungen gefährlich sein könnten. Manche Geoforscher fürchten, die Vorstöße könnten Beben, Wasserdampfexplosionen oder gar Magma-Eruptionen auslösen. »Unter ungünstigen Bedingungen«, sagt Ralf Büttner von der Universität Würzburg, könne der Kontakt von Bohrflüssigkeit mit Magma »sehr gefährlich werden« – und durch Explosionen einen kleinen Vulkanausbruch auslösen. »Theoretisch denkbar wäre sogar, dass dadurch letztlich eine große Eruption verursacht wird«, meint Büttner. Entscheidend seien die Eigenschaften des Vulkans, sagt sein Würzburger Kollege Volker Dietrich. Unter Umständen drohe ein »totales Desaster«, da Magma gefährlich sei, wenn es unter hohem Druck steht. In zäher Masse stauten sich Gase, die das Gemisch hochexplosiv machten.

De Natale bezeichnet solche Überlegungen als »Unsinn«. Auch andere Vulkanologen wie der Würzburger Bernd Zimanowski sehen keinerlei Risiken. Eine Bohrung in eine Magma-Kammer ähnele einem »Stich in einen äußerst zähen Kuchenteig«. Eine solch schwerfällige Masse könne durch eine kleine Bohrung nicht in Wallung geraten, meint auch Christopher Kilburn vom University College London, ein leitender Wissenschaftler des Projekts. Um einen Ausbruch auszulösen, müsste »eine Kettenreaktion in einer großen Magma-Kammer in Gang kommen«, die Gasblasen im Magma wachsen ließe und so den Druck im Untergrund stark erhöhe. Ein »kleines Bohrloch« habe jedoch keinen solch großen Einfluss. Magma sei »viel zu zäh«, um da hindurch zu fließen, so Kilburn.

In Island ist 2009 jedoch genau das geschehen. Ende Juni 2009 musste das Iceland Deep Drilling Project (IDDP), mit dem Erdwärmeenergie erschlossen werden sollte, gestoppt werden. Bei 2104 Metern war überraschend Magma ins Bohrloch gequollen. Mit einer kleinen Explosion hatte das heiße Vulkangemisch Bohrflüssigkeit verdampfen lassen. »Ein tolles, spannendes Ereignis« sei der Magma-Ausfluss in Island gewesen, sagt Ulrich Harms vom Internationalen Kontinentalen Tiefbohrprogramm ICDP am GTZ. 2005 erschraken Forscher eines Bohrprojekts auf Hawaii, als eine Substanz mit der Konsistenz von dickem Sirup in ihr Bohrloch quoll. Auch hier mussten die Arbeiten eingestellt werden. Ansonsten blieben die Zwischenfälle aber folgenlos.

Letztlich erscheinen den meisten Experten die Bohrungen aber als ungefährlich. Riskanter wäre es, wenn ein Vulkan angebohrt wird, der »sowieso vor dem Ausbruch« steht, sagt Kilburn. Für eine bevorstehende Eruption gibt es bei den Phlegräischen Feldern aber keine Hinweise. Seit 1968 ist der Vulkan allerdings etwas unruhig geworden. Der Hafen der Stadt Pozzuoli hat sich seither um drei Meter gehoben, die dortigen Straßen werfen Wellen. Der Vulkan bewegt die Landschaft schon seit Menschengedenken. Davon zeugen drei berühmte Marmorsäulen aus der Römerzeit auf dem Marktplatz der Stadt. Die Bauwerke stehen auf dem Trockenen und tragen dennoch Spuren von Muscheln. Nicht der Meeresspiegel schwankte hier so stark, sondern das Land: Wie ein unter der Erde atmender Riese heben und senken die Phlegräischen Felder das Gestein. Mehrfach überschwemmte das Meer daher den Marktplatz von Pozzuoli. Dreimal in den vergangenen 2000 Jahren reichte das Wasser an die Muschellöcher heran, im 5., im 9. und im 14. Jahrhundert. Doch obwohl sich die Erde ständig bewegt, gibt es nur etwa alle 500 Jahre einen Ausbruch. Dabei zeigte sich der Supervulkan in den letzten Jahrtausenden von der gemäßigten Seite. Zuletzt spuckten die Phlegräischen Felder im Jahr 1538 etwas Lava und Asche; 24 Menschen sollen aber damals gestorben sein.

Bodenhebungen sind kein verlässliches Warnsignal für Vulkanausbrüche. Vermutlich ist es nicht immer Magma, das den Untergrund hebt. Ebenso kommt erhitztes Grundwasser infrage. Als jedoch Anfang der 1980er-Jahre der Boden immer heftiger bebte und Gebäude bröckelten, bekamen es die Behörden mit der Angst zu tun: Tausende Bewohner mussten die Altstadt von Pozzuoli verlassen – aus Furcht vor einer Eruption. Doch der Vulkan blieb friedlich, der Boden ist wieder abgesunken. Vor sechs Jahren hat er sich erneut zu heben begonnen. Viele Einwohner fragen sich, was im Untergrund eigentlich vor sich geht. Die Bohrungen sollen das Geheimnis der Brennenden Felder endlich lüften.

Welch verheerende Auswirkungen die Explosion eines Supervulkans haben kann, zeigt die Eruption des Toba in Indonesien vor 72 000 Jahren. Geologische und biologische Funde im nächsten Kapitel stützen die These, dass die Menschheit damals nur knapp ihrer Vernichtung entgangen ist. Nur wenige Tausend Menschen weltweit überlebten den Ausbruch – unsere Vorfahren.

28

Die größte Krise der Menschheit

Vor gut 70 000 Jahren war die Geschichte der Menschheit beinahe zu Ende. Nur noch wenige Tausend Individuen des *Homo sapiens* lebten auf der Erde. Ihr Überleben hing von Zufällen ab: Krankheiten, Hungersnöte und Naturkatastrophen waren eine konstante Bedrohung. Geoforscher stützen die These, dass die Menschheit nach einem Vulkanausbruch in Indonesien nur um Haaresbreite der Ausrottung entging.

Erste Belege dafür fanden Biochemiker in den 1990er-Jahren im menschlichen Erbgut. Der Vergleich der Gene offenbarte eine erstaunlich enge Verwandtschaft der Menschen aus allen Erdteilen. Alle heute lebenden Menschen stammen demnach von wenigen Tausend Vorfahren ab, die vor rund 70 Jahrtausenden gelebt haben. Spuren im Eispanzer von Grönland gaben Hinweise auf die Ursache dieses Beinahe-Aussterbens. Gasblasen in Eisbohrkernen verrieten: Zur fraglichen Zeit muss die Erde jahrhundertelang deutlich kühler gewesen sein. Allerdings hatten die Vorfahren des Menschen zuvor noch drastischere Eiszeiten durchlebt. Warum also sollte ausgerechnet diese Abkühlung eine solch verheerende Wirkung gehabt haben?

Eine Schicht mit Schwefelsäurepartikeln, die sich unmittelbar vor der Kaltphase im Grönlandeis abgelagert haben muss, brachte die Wissenschaftler auf die Spur eines gigantischen

Vulkanausbruchs: Vor etwa 72 000 Jahren war der Toba auf der indonesischen Insel Sumatra explodiert, ein sogenannter Supervulkan. Es war die heftigste Eruption der vergangenen zwei Millionen Jahre. Der Vulkan spie nicht nur eine Säule aus Lava und Asche in den Himmel. Eine gewaltige Magma-Blase explodierte, der Erdboden zerriss auf weiter Flur. Der Toba spuckte 1000-mal so viel Asche aus wie der Mount St. Helens 1980. Säuredämpfe vergifteten die Umwelt, Ascheschleier verdunkelten die Erde über Jahre hinweg. Die Atmosphäre sei um mehr als fünf Grad Celsius abgekühlt, berichten Geoforscher, in mittleren Breiten herrschte plötzlich Eiszeit.

Unseren Vorfahren habe der »vulkanische Winter« schwer zugesetzt, folgerte Stanley Ambrose von der Universität von Illinois, USA, als er vor elf Jahren die »Theorie vom evolutionären Flaschenhals« der Menschheit aufstellte. Ambrose führte das aus Genom-Analysen vermutete Schrumpfen der Menschheit vor 70 000 Jahren auf die Toba-Eruption zurück: Viele Menschen hätten kaum mehr Nahrung gefunden, viele seien erfroren. Doch bald schon regte sich Widerspruch. Die Auswirkungen des Toba-Ausbruchs seien nicht so verheerend gewesen, errechnete Clive Oppenheimer von der Universität in Cambridge, Großbritannien, im Jahr 2002. Die gigantische Eruptionswolke habe zu wenig Schwefel enthalten, um die Erde dauerhaft um fünf Grad abzukühlen. Zur Verdunkelung braucht es Schwefel, denn anders als Asche bleiben Schwefeltröpfchen jahrelang in der Luft. Klimatologen um Claudia Timmreck vom Max-Planck-Institut für Meteorologie in Hamburg kamen mit Klimasimulationen allerdings zu dem Ergebnis, dass sich die Schwefeltropfen rascher abgebaut hätten als angenommen. Aufgrund der großen Masse, die der Vulkan in die Luft geblasen hätte, seien die Partikel besonders dick geworden – und deshalb relativ rasch wieder zu Boden gefallen.

Die Debatte gewann an Brisanz: 2007 schienen Archäologen die Toba-Theorie endgültig widerlegt zu haben. Im Südosten Indiens hatten sie Steinwerkzeuge gefunden – sowohl unterhalb als auch oberhalb der Ascheschicht des Ausbruchs. Die Eruption, folgerten die Experten um Michael Petraglia von der Universität in Cambridge, habe die Menschen nicht verdrängen können. »Sie lebten unverändert weiter«, sagt Petraglia. Dann ließen Forscher erneut Computermodelle sprechen – die Simulationen bildeten die Katastrophenzeit nach. Die Auswirkungen des Toba-Ausbruchs waren demnach gravierender als angenommen: Fünf Jahre lang lagen die Temperaturen weltweit um bis zu 18 Grad tiefer als zuvor, noch zehn Jahre nach der Eruption war es auf der Erde durchschnittlich zehn Grad kälter, haben Klimatologen um Alan Robock von der Rutgers Universität von New Jersey ermittelt. Zudem regnete es weniger, mancherorts herrschte jahrelang Dürre. Weil sich die Eruptionswolke von den Tropen her ausbreitete, verteilte sie sich besonders effektiv über beide Hemisphären. Eine andere Klimasimulation aus dem Jahr 2010 jedoch kam zu einem weniger dramatischen Resultat: Stephen Self von der Open Universität in Milton Keynes, Großbritannien, und Michael Rampino von der New York Universität rechneten den Ausbruch des philippinischen Vulkans Pinatubo von 1991 auf Toba-Dimensionen hoch. Demzufolge sei die Welt vor 70 000 Jahren lediglich um drei bis fünf Grad abgekühlt.

Auch die Simulationen von Claudia Timmreck und ihren Kollegen ergaben keine so dramatische Abkühlung, jedenfalls nicht für die Gebiete, in denen seinerseits die meisten Menschen lebten: Afrika und Vorderasien. Zwar hätten zurückgehende Niederschläge die Baumsavannen jahrelang in kärgere Strauchsavannen verwandelt – doch auch darin hätten unsere Vorfahren vermutlich überleben können.

Stanley Ambrose aber hält die Simulation für unzutreffend, da sie von heutigen Klimabedingungen ausgehe. Vor 70 000

Jahren jedoch stürzte die Erde in eine Eiszeit, und der Toba-Ausbruch habe die weltweite Abkühlung noch verstärkt, sagt Ambrose. Obwohl Klimasimulationen seine Theorie bislang nicht bestätigen konnten, hält er daran fest: Der plötzliche Kälteeinbruch habe den meisten Menschen vermutlich keine Zeit für eine Flucht in lebensfreundliche Regionen gelassen. Unter der Dunkelheit des gigantischen Ascheschleiers verdorrten auch in Ostafrika Pflanzen, und viele Tiere starben. Nur wenige Menschen überlebten – unsere Vorfahren.

Ostafrika erlebt auch heute einen Umbruch: Im geologischen Eiltempo entsteht dort ein neuer Ozean. Der ganze Kontinent beginnt zu zerbrechen. Im nächsten Kapitel werden Wissenschaftler Zeugen verstärkter Aktivität: Es bebt, Vulkane brodeln, die Erde bricht auf, das Meer dringt vor. Schon bildet sich Tiefseeboden – mitten in der Wüste.

29

Afrika bricht entzwei

Die Geologin Cynthia Ebinger von der Universität von Rochester, USA, konnte kaum glauben, was ihr der Anrufer Mitte November 2010 aus der Wüste Äthiopiens berichtete. Unerhörtes spiele sich ab, berichtete der Angestellte einer Rohstofffirma: Der berühmte Vulkan Erta Ale breche aus. Ebinger staunte, sie erforschte den Vulkan seit Langem. Stets hatte im Krater des Erta Ale eine silbrig schwarze Lava-Suppe geblubbert – doch ausgebrochen war der Vulkan seit Jahrzehnten nicht. Umgehend flog Ebinger zusammen mit Kollegen in die Wüste Äthiopiens. Und tatsächlich: »Der Vulkan brodelte, er lief über; flammenrote Lava-Fontänen schossen in den Himmel«, erzählte die Wissenschaftlerin.

In Nordostafrika ist nichts mehr, wie es war. Die Erde ist im Umbruch. Der Wüstenboden bebt und bricht, Vulkane brodeln; das Meer dringt vor – es bildet sich ein neuer Ozean. Afrika beginnt, entzweizubrechen. Ein erster Riss ist in den vergangenen Jahrmillionen entstanden, ihn füllen das Rote Meer und der Golf von Aden. Nun öffnet sich die Erde von Äthiopien bis in den Süden nach Mosambik. An manchen Stellen zwischen den bis zu drei Kilometer hohen Grabenflanken ist die Erdkruste bereits vollständig aufgerissen, dort ist der Weg frei für Magma aus dem Untergrund: Vom Roten Meer bis in den Süden nach Mosambik staffeln sich Dutzende

147

Vulkane, darunter der Kilimandscharo und der Nyiragongo. In einigen Millionen Jahren wird ein Ozean die Kluft füllen. Im Norden in der Danakil-Senke könnte der Vorstoß des Meeres sogar schon relativ bald passieren: Dort blockieren lediglich 25 Meter flache Hügel die Fluten des Roten Meeres. Das Land dahinter hat sich bereits Dutzende Meter abgesenkt. Weiße Salzkrusten auf dem Sandboden zeugen von einstigen Vorstößen des Ozeans. Doch Lava hatte dem Meer bald wieder den Zugang versperrt.

Wann flutet das Meer endgültig die Wüste? Das weiß niemand – doch klar scheint, dass die Überschwemmungen schnell gehen würden: »Binnen Tagen könnten die Hügel einsinken«, erläutert Tim Wright von der Universität Leeds in Großbritannien. Dann würde das Meer die Danakil-Senke fluten. Seit 2005 habe sich die Ozeanentstehung in Nordostafrika »unglaublich beschleunigt«. Alles gehe viel schneller als erwartet. Bislang maßen Forscher in Nordostafrika ein paar Millimeter Dehnung des Bodens pro Jahr. »Doch nun öffnet sich die Erde meterweise«, berichtet Lorraine Field von der Universität Bristol. Bebend entstehen tiefe Schluchten im Wüstenboden.

2005 wurden Geologen beinahe von einem Riss verschlungen: Dereje Ayalew und seine Kollegen von der Addis Ababa Universität erschraken, als sie aus ihrem Helikopter in der Wüste in Zentraläthiopien stiegen – denn der Sandboden bebte. Der Pilot rief den Wissenschaftlern zu, sie sollten schleunigst zurückkommen – da passierte es: Die Erde öffnete sich. Wie aufreißende Gletscherspalten rasten die Brüche auf die Forscher zu. Nach einigen Sekunden beruhigte sich der Boden.

Ayalew und seinen Kollegen wurde klar, dass ihr Erlebnis von historischer Dimension ist: Erstmals hatten Menschen dokumentiert, wie ein neuer Ozean geboren wird. Normalerweise wandelt sich die Umwelt unmerklich. Ein Menschenleben ist zu kurz, um wahrzunehmen, dass sich Flussläufe verändern, Gebirge aufsteigen oder Schluchten entstehen. Doch in der Afar-Senke in Nordostafrika öffneten sich in den letzten Jahren Hunderte Spalten im Wüstenboden, die Erde ist um bis zu 100 Meter abgesunken.

Der Boden Ostafrikas ist zersprungen wie eine kaputte Glasscheibe. Auch vor der Küste Dschibutis im Golf von Tadjourah registrierten Forscher ein Trommelfeuer von Erdstößen. Die Beben ereigneten sich am Mittelozeanischen Rücken. An solchen untermeerischen Gebirgen entsteht stetig neue Erdkruste: Lava quillt aus Spalten und härtet zu frischem Meeresgrund. Das aufströmende Magma drückt beidseitig den Meeresboden auseinander, wobei sich die Erdplatten in Bewegung setzen; dabei ruckelt der Boden. Die Beben im Golf von Tadjourah sind in den vergangenen Monaten der Küste immer näher gekommen. Die Meeresbodenspaltung springe allmählich aufs Land über, erläutert Ebinger. Entlang mancher Erdrisse in der äthiopischen Wüste ist es schon passiert. Dort ereignete sich das sonst in der Tiefsee ablaufende Spektakel an der Erdoberfläche – eine geologische Sensation.

Auch die geringe Tiefe der Erdbeben beweist die Verwandlung der Wüstenlandschaft zu Tiefseeboden: Wie sonst nur an Tiefseegebirgen, den Mittelozeanischen Rücken, registrieren die Forscher in Nordostafrika viele flache Erdbeben – eine Folge der Bodenspaltung. In den vergangenen Jahren bemerkten die Forscher an mehr als 20 Stellen im Afar-Dreieck im Nordosten Afrikas unterirdische Vulkanausbrüche nahe der Erdoberfläche. Magma habe bis zu acht Meter breite Klüfte in den Boden gebrochen, berichtet Derek Keir von der Universität Leeds. Das meiste Magma blieb zwar im Untergrund stecken, im Erta Ale beispielsweise gelangte es aber an die Oberfläche. Auch die Art des Magmas lässt die Wissenschaftler staunen: Es ist von jener Sorte, die sonst nur in der Tiefsee an Mittelozeanischen Rücken vorkommt. Charakteristisch ist sein relativ geringer Anteil an Kieselsäure.

Die ganze Region ähnelt immer mehr einem Meeresboden, auf dem nur das Wasser fehlt. Von 2005 bis Ende 2010 sind dreieinhalb Kubikkilometer Magma aufgequollen, berichtet Tim Wright. Damit ließe sich ganz London menschenhoch mit Magma bedecken. In geologischem Eiltempo dringt das Magma vor: Mit bis zu 30 Metern pro Minute bahnt es sich seinen Weg durch das Gestein. Radarmessungen von Satelliten bezeugen die Folgen: Auf einer Strecke von 200 Kilometern wellt sich über dem Magma der Boden wie heißer Asphalt im Sommer. Satellitendaten zeigen, dass die Region derzeit weiträumig aufreißt. Selbst im Osten Ägyptens hat sich der Boden durch unterirdische Magma-Ströme stark aufgeheizt. Den Wüstenboden der Karonga-Region in Malawi hat ein Magma-Ausbruch gar auf 17 Kilometer Länge aufgeschlitzt. Im Juni 2011 erwachte dort nach vielen Tausend Jahren der Vulkan Nabro und spuckte eine 15 Kilometer hohe Aschewolke aus. Die Eruption kam so überraschend, dass selbst Experten der internationalen Flugsicherung zunächst einen anderen Vulkan für den Ausbruch verantwortlich machten.

Die heftigste Magma-Aufwallung der letzten Jahre ereignete sich an unerwarteter Stelle: Im Mai 2009 brach in Saudi-Arabien ein unterirdischer Vulkan aus. Nach einem heftigen Beben der Stärke 5,7 und Zehntausenden leichten Erschütterungen mussten 30 000 Anwohner in Sicherheit gebracht werden. In einem Gebiet, das so groß ist wie Berlin und Hamburg zusammen, quoll Magma aus der Tiefe. Die Eruption ereignete sich 200 Kilometer entfernt von der nordafrikanischen Bruchzone – »das hat uns sehr erstaunt«, sagt Cynthia Ebinger.

Die größte Baustelle des Planeten wird immer größer. Doch selbst die gigantischen Feuerberge werden dereinst im Meer versinken. Nach Berechnungen von Geophysikern wird der ostafrikanische Graben in zehn Millionen Jahren auf die Ausmaße des Roten Meers angewachsen sein – und Afrika wird sein Horn verloren haben.

Der tektonische Druck der brechenden Erdkruste in Ostafrika lässt den Boden bis in den Nahen Osten aufreißen, dort klafft eine Erdspalte vom Libanon bis zum Roten Meer. Sie hat das Schicksal der Menschheit mehrfach entscheidend gewendet – vom Aufbruch des *Homo sapiens* aus Afrika bis zur Entstehung der modernen Zivilisation.

30

Die Schicksalslinie der Menschheit

Vom Libanon bis zum Roten Meer klafft ein mehr als 1000 Kilometer langer Riss. Die kaum von Vegetation verhüllte Narbe in der Erdkruste zieht sich wie ein Strich von Nord nach Süd entlang der Grenze zwischen Israel und Jordanien. Wo sich die Schlucht weitet, sind Seen entstanden; das Tote Meer ist der größte, es bildet die tiefste Senke der Erde. Niemand, so scheint es, bräuchte sich um die sogenannte Totes-Meer-Verwerfung *(Dead Sea Fault)* zu scheren, führt sie doch abseits der meisten Siedlungen durch die Wüste. Doch solche Gleichgültigkeit führt in die Irre. Nach Meinung von Geologen ist der Riss eine Schicksalslinie der Menschheit. Die Verwerfung hat den Aufbruch der Menschheit aus Afrika ebenso ermöglicht wie die Entstehung der modernen Zivilisation. Sie bildet wahrscheinlich auch den realen Hintergrund vieler biblischer Ereignisse.

Die Geschichte der Schicksalslinie begann vor 30 Millionen Jahren, als unter Nordostafrika Magma aufströmte. Wie von einem Schweißbrenner zerschnitten, schmolz die Erdkruste auf und spaltete die Arabische Halbinsel von Afrika ab. Zwischen beiden Erdplatten senkte sich der Boden, in den Graben schwappte das Rote Meer. Die tektonischen Kräfte drücken Arabien nach Norden. Doch die Reise der Erdplatte erfolgt nicht reibungslos: Im Westen der Arabischen Halbinsel hakt die Bewegung. Wie bei einem Papier, das auf seiner linken Hälfte festgehalten und rechts geschoben wird, reißt die Platte auf – das obere Ende des Risses bildet die Totes-Meer-Verwerfung.

Vor rund zwei Millionen Jahren begann die spröde Naht Einfluss auf das Schicksal der Menschheit zu nehmen, sagt Zvi Ben-Avraham von der Universität Tel Aviv. Gewaltige Kräfte wandelten die unwirtliche Wüstenlandschaft der Levante zum Vorteil der Frühmenschen. Im Untergrund des Nahen Ostens hatte sich tektonischer Druck gestaut, sodass sich die Flanken beidseits des Bruches allmählich hoben. Am Boden des Toten Meeres reicherte sich seinerzeit deutlich mehr Schlamm an als zuvor, geliefert von Zuflüssen, die aus größerer Höhe strömten. »Die Flüsse ließen zwischen den Gebirgszügen zahlreiche Seen entstehen«, so Ben-Avraham. Die einstige Einöde wandelte sich in eine blühende Landschaft und bildete einen lebensfreundlichen Empfangsraum für die ersten aus Afrika ankommenden Menschen.

Der einzige Landweg aus Afrika – der »Wiege der Menschheit« – führt über den Sinai und die Arabische Halbinsel. Bis vor zwei Millionen Jahren hatte kein Urmensch die Einöde durchquert. Doch nach der Öffnung des ergrünten Levante-Korridors nahm der *Homo erectus* den Ausgang aus Afrika, wie 1,4 Millionen Jahre alte Werkzeugfunde am Toten Meer belegen. »Es sind die ältesten frühmenschlichen Relikte außerhalb Afrikas«, betont Ben-Avraham. »Das Land, wo Milch und Honig flossen, bot beste Lebensbedingungen.« Das müssen vor rund 70 000 Jahren auch die ersten Vertreter des anatomisch modernen Menschen so empfunden haben. Der *Homo sapiens* folgte dem *Homo erectus*, und auch er erreichte ein Schlaraffenland. Im Levante-Korridor traf er sogar zum ersten Mal auf den Neandertaler, nimmt John Shea von der Stony Brook Universität im US-Bundesstaat New York an. »Dort haben unsere Vorfahren Strategien gegen ihre Konkurrenten entwickelt«, sagt der Anthropologe.

Weitere Jahrtausende später ermöglichte die Schicksalslinie am Toten Meer einen weiteren bedeutenden Schritt der Menschheitsgeschichte: die Erfindung der Landwirtschaft. Das Klima in der Levante war wieder trockener geworden. Um ihre Nahrungsmittelversorgung sicherzustellen, begannen die Menschen vor rund 13 000 Jahren mit der Getreidezucht. Entsprechende Getreidefunde in der Gegend sind die ältesten bekannten Zeugnisse von Landwirtschaft. Die Verwerfung am Toten Meer prägte somit die Entstehung der Zivilisation.

Vor etwa 12 500 Jahren gründeten einige der frühesten Siedler an einer ergiebigen Wasserquelle nahe dem Toten Meer den Ort Jericho, die älteste bis heute besiedelte Ortschaft der Welt. Jericho wurde zu einem bedeutenden Handelsplatz des Altertums. Zahlreiche frühe Schriften erzählen von dort, nicht zuletzt die Bibel. In den Überlieferungen meist vernachlässigt wird jedoch die zum Teil zerstörerische Wirkung der Geologie in der Region, sagt der Seismologe Amos Nur von der Stanford Universität in den USA. Die Eroberung der Stadt Jericho durch den Israeliten-Anführer Joshua etwa sei wesentlich von der geologischen Verwerfung geprägt worden – und weniger vom Eroberer selbst. Der Bibel zufolge hatte Joshua den Auftrag, als Nachfolger von Moses für die Israeliten das Gelobte Land einzunehmen. Als seine Armee die Stadt belagerte, soll der Klang ihrer Trompeten mit Gottes Hilfe die Stadtmauern zum Einsturz gebracht haben. Wahrscheinlich jedoch habe ein Erdbeben in der seismisch aktiven Region die Stadt zerstört, vermutet Amos Nur. In Ruinen und im Untergrund Jerichos konnten Paläoseismologen die Spuren von 22 Erdbeben nachweisen.

Auch am Grund des Toten Meeres finden sich Spuren heftiger Erdstöße aus den vergangenen Jahrtausenden, berichtet Ben-Avraham. Von einem Forschungs-U-Boot aus entdeckte der Geologe, dass eine Flanke am Boden des Gewässers mehrere

Meter hoch steil aufragt wie eine glatt polierte Wand. Nur ein äußerst starkes Erdbeben hätte die Kraft, Teile des Untergrunds derart weit nach oben zu stoßen. Möglicherweise war es eines jener Beben, die auch Megiddo erschütterten, die Jahrtausende lang wohl bedeutendste Stadt des Nahen Ostens. Megiddo lag, von hohen Festungsmauern geschützt, auf einer Anhöhe im heutigen Nordisrael an der Handelsstraße zwischen Syrien und Ägypten. Der Ort – laut der biblischen Offenbarung des Johannes der Schauplatz der Entscheidungsschlacht »Armageddon« zwischen Gott und Satan (das Wort stammt von »Har Megiddo«, »der Berg von Megiddo«) – wurde mehrmals von Beben verwüstet. Erdstöße und militärische Schlachten haben das Schicksal des Ortes geprägt. »Die Eroberung von Megiddo bedeutet die Eroberung von 1000 Städten«, schwärmte der Pharao Thutmoses III. Ihm gelang es, die Stadt 1468 vor Christus zu unterwerfen – doch offenbar nicht, wie Historiker meinen, aufgrund seiner Fähigkeiten als Feldherr. Vielmehr habe ein Erdbeben die Stadt verwüstet und so die Eroberung erleichtert, sagt Amos Nur. Die Zerstörung der Stadt 1250 vor Christus sei ebenfalls auf ein Beben zurückzuführen – und nicht auf die Armee der Israeliten, wie vielfach angenommen. Im ersten und zweiten Jahrtausend vor Christus wurde Megiddo den Studien zufolge mindestens viermal von starken Beben zerstört.

Auch zur Zeit des Römischen Reiches griff die Totes-Meer-Verwerfung in den Lauf der Geschichte ein. Im Jahr 31 vor Christus etwa erschütterte »ein Beben wie keines zuvor« den Nahen Osten, sodass »Zehntausende verschwanden«, wie ein Zeitzeuge notierte. Arabische Stämme ergriffen die Chance, sie überfielen Judäa, das von dem Beben zerrüttet war. Doch zur Verblüffung der Araber hatte die Judäische Armee des römischen Vasallenkönigs Herodes des Großen die Erdstöße auf freiem Feld überstanden, sie schlug die Araber in die Flucht. Nun ging Herodes seinerseits auf Eroberungszüge. Judäa erreichte bald darauf seine größte Ausdehnung – ermöglicht hatte das paradoxerweise ein schreckliches Erdbeben, resümiert Amos Nur.

Knapp 400 Jahre später regte sich die Schicksalslinie erneut. Im Jahr 363 zerstörte ein Beben etwa 100 Städte im Nahen Osten. Berichte von Zeitzeugen sowie Funde in Ruinen und Erdschichten belegen den Schlag, der die Gesellschaft nachhaltig beeinflusste. In Jerusalem beispielsweise musste der Wiederaufbau des Jüdischen Tempels unterbrochen werden. Die Römer hatten das Projekt gefördert, um die Christen zu schwächen. Nach dem Erdbeben schöpften die Christen neuen Mut, sie deuteten es als Zeichen Gottes. Schließlich war die Zerstörung des Tempels im Neuen Testament von Jesus prophezeit worden.

Nur in den vergangenen Jahrhunderten ist es ungewöhnlich ruhig geblieben, selten erschütterten Starkbeben die Region. Doch die Totes-Meer-Verwerfung kann jederzeit wieder losschlagen. Das nächste Beben könnte sogar eine Serie vernichtender Stöße auslösen, fürchtet der Geologe Ben-Avraham. Hat sich an einer Erdbebennaht wie dieser über lange Zeit Spannung angestaut, droht sie bei einem sogenannten Erdbebensturm binnen weniger Jahre wie ein Reißverschluss aufzureißen. Die Verwerfung könnte mithin erneut zur Schicksalslinie werden. Die tektonische Labilität des Nahen Ostens, sagt Ben-Avraham, bedrohe die weltpolitische Stabilität: »Die Folgen eines Starkbebens im Nahen Osten sind unkalkulierbar.«

Erdbeben und Vulkane sind nicht die einzigen Naturgefahren, die im Boden lauern. Das nächste Kapitel berichtet von einer besonders tückischen Katastrophe unter der Erde: Manche Länder werden von Feuersbrünsten unterwandert. Weil Kohleflöze im Untergrund brennen, wellt sich der Boden, Giftgase treten aus. Menschen ersticken, Häuser kollabieren, der Boden wird so heiß, dass Schuhe darauf schmelzen.

31

Flammenalarm unter der Erde

Wenn sich die schwarze Nacht über die Karakum-Wüste in Turkmenistan legt, wird das Glühen stärker; schon am Horizont ist es zu sehen. Es kommt aus einem Loch in dem platten, kargen Boden. Wer sich nähert, meint in den Eingang zur Unterwelt zu blicken. »Tor zur Hölle« nennen die Bewohner von Darvaza, einem kleinen Wüstendorf in der Nähe, den glühenden Schlund. Er brennt seit 40 Jahren. Ein Unfall hatte das Feuer entzündet: Der Turm einer Erdgasbohrung war im Boden versunken, Spalten öffneten sich, Gasfontänen loderten auf – der Bohrturm war in eine Erdgaskaverne gestürzt. Dann taten die Verantwortlichen etwas Folgenreiches: Weil die Schwaden giftig waren, ließen sie die Dämpfe anzünden. Nach ein paar Tagen würde das Feuer verglimmen, glaubten sie. Doch diese Annahme erwies sich als Irrtum. Nach mehr als 40 Jahren ist das Höllenloch von Darvaza eine wissenschaftliche Sensation. Russische Geologen haben den Krater immer wieder inspiziert – sie fanden keine Anzeichen für ein baldiges Erlöschen. Inzwischen steht der Feuerschlund auch als Mahnmal für eine der größten Naturkatastrophen der Gegenwart: Denn in vielen Ländern brennt der Boden – Hunderttausende Menschen sind bedroht. (Auch in Deutschland brennen Kohleflöze, allerdings nur in einem kleinen Gebiet: Der 360 Meter hohe »Brennende Berg« am Stadtrand von Saarbrücken ist seit Goethes Zeiten

eine Touristenattraktion. Auf der bewaldeten Anhöhe geriet im
16. oder 17. Jahrhundert ein Kohleflöz in Brand, das bis heute
glimmt – aus Gesteinsspalten wabern warme Dämpfe.)

Vor allem Indien, China, Indonesien, Südafrika und die USA
sind betroffen. Dort haben sich Tausende Kohleflöze entzündet, das Feuer reicht weit unter die Erde. Aktuellen Studien
zufolge werden weltweit jährlich bis zu 600 Millionen Tonnen
Kohle unbrauchbar. Das Problem ist nicht neu: In Australien
etwa lodert ein Kohlefeuer angeblich seit 6000 Jahren. Im US-
Bundesstaat Pennsylvania musste die Stadt Centralia bereits
aufgegeben werden, weil sie von einem Kohlebrand unterwandert wird, anderen Ortschaften in der Gegend droht das
gleiche Schicksal. Die Bewohner von Uniontown etwa können ein unterirdisches Feuer, das näher kommt, bereits riechen. Die Wiesen im Ort wölben sich aufgrund der Hitze, und
hinter manchen Gärten steigt Dampf empor. Doch vor allem
in Indien und China weiten sich die unterirdischen Brände
aus, dort stehen Kohleflöze auf Tausenden Kilometern Länge
in Flammen. Regionen von der Größe deutscher Bundesländer werden von Feuer unterwandert, die Flammen bedrohen
zahlreiche Städte. Manche Spalten, in denen das Gestein glüht,
klaffen mehr als 100 Meter tief. Wälder und Wiesen fangen
Feuer. Schwefelgeruch legt sich über Landschaften. Experten
der Geologiefirma DMT, die beim Löschen helfen, berichten
Alarmierendes: Im Gebiet von Jharia, Indien, etwa seien zahlreiche Häuser bereits eingestürzt, weil der verkokelte Boden
ins Rutschen gerät. Menschen seien in den geruchlosen Koh-
lenmonoxid-Schwaden, die dort aus der Erde kriechen, im
Schlaf erstickt. Der Boden in der Gegend ist zerrüttet, Kinder
sollen in Erdspalten verschwunden sein. Mancherorts ist der
Boden Hunderte Grad heiß, berichtet Hartwig Gielisch von
DMT. »Normale Schuhe schmelzen«, sagt der Geoforscher.
Man könne dort nur mit Spezialstiefeln gehen.

Nur wenige Kohlefeuer sind natürlichen Ursprungs, die meisten haben Menschen entfacht – mit Schweißarbeiten, Zigarettenkippen oder durch Müllverbrennung. Am häufigsten entzünden sich die Feuer beim sogenannten Krabbel- und Wühlbergbau: In Indien und China graben viele Leute auf eigene Faust nach Kohle. Die Brandstifter merken meist nichts von ihrer Tat; das Feuer bricht erst aus, nachdem die Bergbauer die Voraussetzungen geschaffen haben. Die Kohlesammler öffnen Klüfte in der Erde, sodass Luft eindringen kann – dabei entzündet sich die Kohle: In Kontakt mit Sauerstoff vollziehen sich chemische Reaktionen, bei denen Wärme freigesetzt wird. Staut sich die Hitze auf über 80 Grad, bricht Feuer aus. Professionelle Kohleminen werden »bewettert«: Abluft sorgt dafür, dass sich die Grube nicht allzu stark aufheizt. In Indien und China jedoch heizen sich viele Minen extrem auf. Die Behörden kriegen das Problem nicht in den Griff, denn der private Bergbau bietet vielen Menschen eine Lebensgrundlage. Abnehmer gibt es genügend, die meisten Haushalte benötigen Kohle zum Heizen. Der Staat scheint machtlos gegen die Übermacht der Wühler, Kontrollen verpuffen. Dabei haben Indien und China großes Interesse daran, die Feuer einzudämmen. Nicht nur verpflichtet sie ihr hoher Energiebedarf zur Schonung der Ressourcen. Allein in China verbrennen jährlich rund 25 Millionen Tonnen Kohle, schätzen Fachleute des Deutschen Zentrums für Luft- und Raumfahrt (DLR). Die Menge entspricht ungefähr der jährlichen Kohleförderung Deutschlands. Auch die Kohle in der Umgebung der Brände wird unbrauchbar. Jährlich gingen in China laut DLR rund 200 Millionen Tonnen für den Abbau verloren.

Neben der Ressourcenverschwendung sind es besonders die unmittelbaren Gefahren, die die Behörden in Indien und China beschäftigen – die Kohlebrände bedrohen mittlerweile Hunderte Ortschaften. Doch die Bekämpfung der Katastrophe ist kompliziert, sie scheitert oft schon daran, dass die Brandherde unentdeckt bleiben – obgleich es überall raucht. Anders als im Krater bei Darvaza sind die meisten Bodenfeuer in Indien nicht sichtbar, berichtet Hartwig Gielisch. Lediglich Dämpfe und Bodenhitze zeugen von der schwelenden Gefahr. Klüfte im Boden leiten den Rauch oft weit entfernt vom Brandherd an die Oberfläche, sodass die Suchtrupps irregeleitet würden, erläutert Gielisch. Experten des DLR haben zwar anhand von Satellitendaten zahlreiche Hitzeareale identifizieren können. Auch Infrarotkameras und Stechsonden haben geholfen, Brände im Untergrund zu orten. »Doch die Messungen nützen wenig, solange nicht verstanden ist, auf welche Weise die Feuer fortschreiten«, sagt Stefan Voigt vom DLR.

Die deutschen Forscher entwickeln Computermodelle, die das Ausbreiten von Kohlebränden simulieren sollen. Doch Erkundungen vor Ort sind unerlässlich. Jahrelang haben die DMT-Experten Jharia in Indien erforscht. »Unsere Aufgabe ist es zunächst, die Brände aufzuspüren« – im Auftrag der indischen Regierung. Im Gebiet von Jharia »brennt die ganze Region«, so Gielisch. 55 Feuer hätten er und seine Kollegen dort entdeckt. Dann ging es ans Löschen. Auch dabei ist Expertise dringend gefragt, wie fatale Löschversuche der letzten Jahre gezeigt haben: »Einwohner machten den Fehler, Brände mit Wasser löschen zu wollen – das war keine gute Idee«, sagt Gielisch. Säure aus der Kohle sickerte in den Boden und vergiftete das Grundwasser – auf die Feuerkatastrophe folgte das Giftdesaster. Außerdem scheint Wasser die unterirdischen Brände sogar zu beschleunigen, es wirkt offenbar ähnlich wie Fett in einer heißen Bratpfanne: Das Wasser verstärkt den Hitzestau im Boden.

Die Experten gehen mit Flugasche, einem Spezialschaum oder mit Zement gegen die Kohlebrände vor. Mancherorts räumen zunächst Sprengungen und Bagger Brandherde aus. Dann gießen Arbeiter Betonmauern in den Untergrund, die das Feuer stoppen sollen. Zuletzt entscheidet das Geld über das Löschmittel: Am besten funktioniere ein teurer Löschschaum, berichtet Gielisch. Die selbsthärtende Substanz legt sich wie ein Panzer um die Glut und erstickt sie. Die kostengünstigere Lösung ist Flugasche, die in Kohlekraftwerken massenhaft anfällt. Vielerorts werfen auch Bagger einfach massenhaft Sand und Erde auf offene Erdspalten, um dem Feuer die Sauerstoffzufuhr abzuschneiden.

Kohlefeuer gelten inzwischen als weltweite ökologische Katastrophe: Die Brände setzen erhebliche Mengen des Treibhausgases Kohlendioxid (CO_2) frei. Belastbare Zahlen gibt es aber nur für die USA: Dortige Kohlefeuer erzeugen Studien zufolge bis zu ein Prozent der weltweiten Treibhausgasemissionen durch den Menschen. Doch die Kohlebrände in China und Indien sind erheblich größer als in den USA. Nach Schätzungen von Forschern des East Georgia College in den USA würden drei Prozent des menschengemachten CO_2-Ausstoßes von den chinesischen Kohlebränden freigesetzt. Doch all diese Emissionszahlen sind stark umstritten. Der CO_2-Ausstoß der Brände hängt unter anderem davon ab, wie effizient die Kohle verbrennt. Vor Urzeiten scheinen Kohleflöze sehr effizient gebrannt zu haben – weltweit. Die Abgase sollen damals die Meere vergiftet und das Massenaussterben vor 250 Millionen Jahren mit verursacht haben, glauben Forscher. Es war der verheerendste Exitus aller Zeiten: 90 Prozent aller Meereslebewesen und 70 Prozent der Landbewohner starben damals aus. Derzeit jedoch meinen Ingenieure, die Brände in den Griff kriegen zu können. In Indien habe man jahrelang schwelende Brände binnen zwei Tagen löschen können, berichtet Gielisch. In zehn Jahren sollen in Jharia alle Kohlefeuer erstickt sein. Doch selbst wenn es gelingen sollte, ist das Problem nicht gelöst: In Indien und China werden nahezu täglich neue Brandherde entdeckt.

Auf andere Weise hitzig verläuft die Debatte um den Klimawandel. Sie beruht nicht allein auf wissenschaftlichen Daten, auch Emotionen und politische Einstellungen haben Einfluss. Forscher sind Menschen mit Schwächen und Interessen, sie verteidigen ihre Ergebnisse mitunter mit Methoden, die nicht mehr unbedingt der Wahrheitsfindung dienen. Das nächste Kapitel berichtet von einer beispiellosen Wissenschaftsfehde – dem sogenannten Climategate. Unbekannte hatten im November 2009 E-Mails britischer Klimaforscher gestohlen und im Internet veröffentlicht. Die Internet-Konversation dokumentiert, wie führende Klimaforscher sich unter teils heftigen Angriffen von außen in einen erbitterten und folgenschweren Grabenkrieg verstrickt haben, in den auch Medien, Umweltverbände und Politiker hineingezogen wurden.

32

Climategate: Heißer Kampf ums Klima

Erwärmt sich unser Planet bis 2100 um ein Grad, zwei Grad oder sogar noch mehr? Ist der Mensch allein schuld am Klimawandel, und was kann gegen ihn unternommen werden? Obwohl selbst die meisten Skeptiker inzwischen einräumen, dass der Mensch, seine Fabriken und Autos die Luft aufheizen, sind das Ausmaß und die Folgen der Klimaerwärmung weiterhin umstritten. Umso dramatischer waren die Reaktionen, als Unbekannte im November 2010 mehr als 1000 E-Mails britischer Klimaforscher stahlen und im Internet veröffentlichten. Ein gigantischer Skandal schien sich anzukündigen: »Climategate« wurde die Affäre getauft, in Anlehnung an den Watergate-Skandal, der einst zum Rücktritt von US-Präsident Richard Nixon geführt hatte.

Die mehr als 1000 Climategate-Mails aus 15 Jahren, die frei im Internet zugänglich sind, füllen ausgedruckt fünf dicke Aktenordner. An jeder E-Mail hängt die gesamte vorhergehende Korrespondenz. Damit erlaubt der Schriftverkehr einen einzigartigen Einblick in die Mechanismen, Fronten und Kämpfe in der Klimawissenschaft. Wer die E-Mails von vorn bis hinten durchliest, erkennt, dass von einer weitreichenden Verschwörung keine Rede sein kann. Die Analyse zeigt jedoch, dass sich führende Forscher unter teils heftigen Angriffen von außen in einen erbitterten und folgenschweren Grabenkrieg verstrickt haben, in den auch Politiker, Medien und Umweltverbände hineingezogen wurden.

Die Fronten in der Klimadebatte sind seit Langem verhärtet: Auf der einen Seite steht eine überschaubare Anzahl tonangebender Klimaforscher, auf der anderen eine mächtige Lobby aus Industrieverbänden, deren Ziel es ist, die Gefahren der Erderwärmung zu bagatellisieren. Sie wird insbesondere vom rechten politischen Spektrum der USA, von Verschwörungstheoretikern, aber auch von einigen Querdenkern unter den Wissenschaftlern unterstützt. Doch damit sind die Rollen keineswegs eindeutig verteilt. Die Mehrheit der Klimaforscher steht zwischen beiden Parteien. Sie tut sich nicht selten schwer, ihre Ergebnisse eindeutig zu interpretieren – wissenschaftliche Fakten sind oft widersprüchlich. Zwar gilt die Prognose einer bevorstehenden Erwärmung als gut belegt. Doch über die Folgen bestehen weiterhin erhebliche Unsicherheiten.

Beide Seiten – die führenden Klimaforscher und ihre Kontrahenten aus Industrie und kleineren Kritikerzirkeln – kämpften von Anfang an mit harten Bandagen. Es begann 1986, als deutsche Physiker einen ersten dramatischen Appell an die Öffentlichkeit richteten: Sie warnten vor einer »Klimakatastrophe«. Ihr erklärtes Ziel war es, der Atomkraft gegenüber Kohlendioxid ausstoßenden Kohlekraftwerken Vorschub zu leisten. Bereits damals gab es freilich solide wissenschaftliche Hinweise auf eine bedrohliche Klimaerwärmung, weshalb die Vereinten Nationen 1988 ihren Klimarat gründeten, den Intergovernmental Panel on Climate Change (IPCC). Doch erst eine außergewöhnliche Dürre im Sommer 1988 machte das Thema auch in den USA populär. Politiker nutzten die Trockenphase zur Anhörung des NASA-Wissenschaftlers James Hansen im US-Kongress, der in Fachzeitschriften bereits seit Jahren vor einem menschengemachten Klimawandel warnte. Als Hansen von der Regierung angewiesen wurde, Unsicherheiten seiner

These stärker hervorzuheben, inszenierte der damalige Senator und spätere US-Vizepräsident Al Gore einen Skandal: Er informierte Medien über die angeblichen Verschleierungsversuche der Regierung – woraufhin diese sich zum Handeln gezwungen sah. Die Erdölkonzerne reagierten alarmiert. Zusammen mit Firmen anderer Branchen, die die Verteuerung fossiler Energieträger fürchteten, schmiedeten sie Bündnisse. Dafür konnten sie auch einige scharfsinnige Klimaforscher wie etwa Patrick Michaels von der Universität von Virginia gewinnen.

Das Ziel der Industrielobby war es, Unsicherheiten der Forschungsergebnisse auszuschlachten. Mit Millionenbeträgen finanzierte die Klimaskeptiker-Lobby Propagandakampagnen. 1991 wandte sich das Information Council on the Environment (ICE) an »weniger gebildete Menschen«, wie es in einem Strategiepapier hieß: Eine Kampagne sollte demnach »die globale Erwärmung als realitätsfern erscheinen lassen«. »Der Sieg wird erreicht sein«, heißt es in einem Strategiepapier der Erdöl-Lobbygruppe Global Climate Science Team, »wenn der Durchschnittsbürger die Unsicherheiten der Klimaforschung erkennt.« Doch auch die gebildeten Schichten sollten angesprochen werden. Die Global Climate Coalition etwa – eine Gründung von Energiefirmen – nahm gezielt Einfluss auf UNO-Delegierte. Auch vor dem US-Kongress wurde dem Rat der skeptischen Wissenschaftler erhebliche Bedeutung beigemessen.

Eine fatale Dynamik kam in Gang: Klimaforscher, die Zweifel an Ergebnissen äußerten, liefen Gefahr, der Industrielobby zugerechnet zu werden. Die illegal veröffentlichten E-Mails zeigen, wie führende Wissenschaftler auf das PR-Trommelfeuer der sogenannten Skeptikerlobby reagiert haben: Aus Angst, die Gegenseite könnte Unsicherheiten der Forschungsergebnisse ausnutzen, haben viele Forscher versucht, die Schwächen ihrer Resultate vor der Öffentlichkeit zu verbergen.

International waren die Lobbyisten jedoch wenig erfolgreich: 1997 beschloss die internationale Staatengemeinschaft ihren ersten Klimaschutzvertrag, das Kyoto-Protokoll. »Die Wissenschaft hatte eine Warnung ausgesprochen, die Medien haben sie verstärkt, und die Politik hat reagiert«, resümiert der Wissenschaftssoziologe Peter Weingart von der Universität Bielefeld, der den Klimastreit erforscht hat. Doch just zu jener Zeit, als sich zahlreiche Industriefirmen zum Klimaschutz bekannten und aus der Global Climate Coalition austraten, wurden manche Wissenschaftler parteiisch. Sie begannen mit Umweltverbänden zu kungeln. Schon vor der UNO-Klimakonferenz in Kyoto 1997 hatten Umweltverbände und führende Klimaforscher an einem Strang gezogen, um Druck auf Industrie und Politik auszuüben. Greenpeace sendete im August 1997 im Namen britischer Forscher einen appellhaften Leserbrief an die britische Zeitung *The Times* – die Klimatologen mussten nur noch unterschreiben. Im Namen des WWF riefen andere Klimaforscher im Oktober 1997 anlässlich der Kyoto-Konferenz Hunderte Kollegen per E-Mail zur Unterzeichnung eines Appells an die Politiker auf.

Das Vorhaben war umstritten: Während deutsche Forscher sich umstandslos auf die Liste setzen ließen, äußerte beispielsweise der renommierte amerikanische Paläoklimatologe Tom Wigley seine Bedenken: Derartige politische Appelle seien ähnlich »unehrenhaft« wie die Propaganda der Skeptikerlobby, antwortete er am 25. November 1997 seinen Kollegen in einer E-Mail, die sich unter den illegal veröffentlichten findet. Persönliche Ansichten dürften nicht mit wissenschaftlichen Fakten vermischt werden, so Wigley. Sein Einspruch verhallte ungehört: Die Zusammenarbeit mit der Umweltlobby wurde für viele seiner Kollegen zur Selbstverständlichkeit. Dem WWF etwa schickten australische und britische Klimaforscher auf Nachfrage besonders pessimistische Prognosedaten. Sie

zeigten dabei ausdrücklich Verständnis dafür, dass der Umwelt-
verein die Warnungen etwas »verstärkt« haben wollte, wie es
der WWF im Juli 1999 in einer E-Mail forderte. Auch deutsche
Klimaforscher vom Potsdam-Institut für Klimafolgenforschung
(PIK) und vom Hamburger Max-Planck-Institut für Meteorologie verfassten 2001 ein gemeinsames Positionspapier mit
dem Umweltverband WWF. Das Wuppertal-Institut für Klima,
Umwelt und Energie war in dieser Hinsicht Vorreiter: Gemein-
sam mit dem Umweltverband BUND erarbeitete es Mitte der
1990er-Jahre Empfehlungen für eine Klimaschutzstrategie.

Fortan ging es um die Vorherrschaft in den Medien. Ihnen
wurde häufig vorgeworfen, Klimaskeptikern zu viel Raum zu
geben. Tatsächlich gelangten regelmäßig skeptische Thesen
in die Medien, die wissenschaftlich kaum abgesichert waren.
Sie wurden mitunter lanciert von Erdöl-Lobbyisten, die etwa
»Informationsbroschüren« an Journalisten verschickten. Das
lag zum einen daran, dass insbesondere US-Medien dem
Grundsatz des *balanced reporting*, der ausgeglichenen Berichterstattung, hohe Priorität einräumen – es müssen stets beide
Seiten einer Debatte gehört werden. Bisweilen bekamen selbst
abwegige Thesen von Klimaskeptikern ebenso viel Raum wie
etablierte wissenschaftliche Ergebnisse. Ein zweiter Grund für
die Verbreitung der Klimaskeptiker-Thesen ist ihr Nachrich-
tenwert, glauben Medienforscher: Je eindeutiger die Warnungen vor einer Katastrophe, desto interessanter werden kritische
Stimmen. Der skeptische Diskurs in den Medien thematisierte
auch die skandalträchtige Frage, ob Klimaforscher sich mit spe-
kulativen Katastrophenszenarien Zugang zu Fördergeldern ver-
schaffen wollten.

Der angesehene Klimaforscher Klaus Hasselmann vom Max-
Planck-Institut für Meteorologie hatte die Anschuldigungen
1997 in einem viel beachteten Artikel in der *ZEIT* zurückgewie-
sen. Er machte geltend, dass im Sinne eines Indizienprozesses

die Schuld des Menschen am Klimawandel mit hoher Wahrscheinlichkeit geklärt sei. »Wenn wir aber abwarten, bis auch die letzten Zweifel überwunden sind, wird es zum Handeln zu spät sein«, schrieb Hasselmann. Er gab den Medien die Schuld an Dramatisierungen. »Viele Journalisten wollen von Unsicherheiten der Forschungsergebnisse nichts wissen«, klagt MPI-Forscher Martin Claußen. Tatsächlich hatten Soziologen »Überbietungsdiskurse« in den Medien identifiziert – die Katastrophen würden in immer finstereren Farben gemalt. Peter Weingart kritisiert dagegen auch die Wissenschaftler: »Ihre eigenen überzogenen Behauptungen lassen Klimatologen gern unerwähnt.«

Während die Debatte in den USA immer wieder aufflammte, »waren die Skeptiker in Deutschland jedoch bald wieder marginalisiert«, konstatiert der Soziologe Hans Peter Peters vom Forschungszentrum Jülich, der die Klimaberichterstattung in Deutschland analysiert hat. Die Kommunikationsstrategie führender Forscher lasse sich über lange Zeit als Erfolg deuten: »Das propagierte Klimaproblem wurde von den Medien ernst genommen«, sagt Peters. Er sieht sogar eine »starke Co-Orientierung von Wissenschaft und Journalismus bei der Berichterstattung über den Klimawandel«.

Allerdings versuchten Wissenschaftler mitunter auch, Druck auszuüben, wenn sie mit der medialen Berichterstattung nicht einverstanden waren. Nach Berichten, die die Dringlichkeit des Klimaalarms abzuschwächen schienen, gingen in deutschen Redaktionen regelmäßig Protestbriefe ein, die Forscher manchmal sogar vorher abgestimmt hatten. Auch die E-Mails belegen nun, dass Klimaforscher Proteste gezielt gegen einzelne Journalisten organisierten. Als beispielsweise im Oktober 2009 ein kritischer Artikel über die Ergebnisse der Klimaforschung auf BBC Online erschien, gelangten britische Forscher nach interner E-Mail-Debatte am 12. Oktober zu dem Ergebnis, einen ihnen gewogenen BBC-Redakteur zu fragen, »was da los ist«. Auch in Deutschland schrieben Klimaforscher zahlreiche Protestbriefe an die Medien. Das hat System, wissen Sozialforscher: Freundlich gesinnte Medien können der Karriere nützen. Der Kampf um die Aufmerksamkeit in den Massenmedien diene nicht nur der Mobilisierung öffentlicher Unterstützung, sondern könne auch eine erfolgreiche Strategie erhöhter Wahrnehmung innerhalb der Wissenschaft sein, hat etwa der Soziologe David Phillips von der Universität in San Diego, USA, herausgefunden.

Innerhalb der Fachgemeinde wenden manche Forscher ähnlich rabiate Methoden an wie gegen Kritiker von außen, wie die E-Mails offenbaren. Unter dem Druck der Klimaskeptiker verschanzten sich die Wissenschaftler in einer Art Wagenburg. Sie ließen sich von den Kritikern regelrecht treiben: Aus Sorge, Unsicherheiten ihrer Ergebnisse könnten aufgebauscht werden, suchten sie die Zweifel zu verschleiern. »Gebt den Skeptikern nichts, woran sie sich hochziehen können«, schrieb der renommierte Klimatologe Phil Jones von der britischen Universität von East Anglia am 4. Oktober 2000 in einer E-Mail, die im Zentrum des Mail-Skandals steht.

Bisweilen wurden Wissenschaftler von ihren Kollegen sogar darauf hingewiesen, dass sie der falschen Seite nützten: Kevin Trenberth vom National Center for Atmospheric Research in den USA etwa hatte 1995 bei den Verhandlungen zum zweiten UNO-Klimabericht unter der Einflussnahme der Erdölstaaten zu leiden. Im Januar 2001 beschwerte er sich in einer E-Mail bei seinem Kollegen John Christy von der Universität von Alabama, dass die Vertreter Saudi-Arabiens bei den Verhandlungen zum dritten UNO-Klimareport eine Studie Christys gefeiert hätten. Christy antwortete: »Wir unterliegen keiner Maulkorb-Verordnung.« Der Paläoklimatologe Michael Mann von der Pennsylvania State Universität versuchte, seine Kollegen in einer E-Mail am 17. September 1998 einzuschwören:

Die Fachgemeinschaft müsse eine »einheitliche Front bilden«, um eine »effektive langfristige Strategie« entwickeln zu können. Paläoklimatologen rekonstruieren das Klima der Vergangenheit. Ihre Hauptdatenquelle sind alte Baumstämme, deren Jahresringe Aufschluss über das Wetter vergangener Zeiten geben können. Niemand weiß besser als die Forscher selbst, dass Baumdaten erheblichen Unsicherheiten unterliegen – in ihrem E-Mail-Austausch haben sie die Probleme ausführlich diskutiert. Gleichwohl lassen sich nach sorgfältiger Analyse der Daten brauchbare Klimarekonstruktionen erstellen. Das Problem: Es ergeben sich unterschiedliche Klimakurven, je nachdem, welche Daten einbezogen werden.

Michael Mann und seine Kollegen waren Pioniere, sie schufen die erste Temperaturkurve für die gesamte Nordhalbkugel für die vergangenen 1000 Jahre – unstrittig eine große Leistung. Wegen ihrer Form wird sie auch »Hockeyschläger-Kurve« genannt. 850 Jahre lang schwankte das Klima demnach kaum (Schaft des Schlägers), dann wurde es rasant wärmer (Fuß des Schlägers). Mit den Jahren zeigte sich aber, dass die Kurve Fehler enthielt. 1999 gab es eine zweite Klimakurve, geschaffen von den britischen Forschern Keith Briffa und dem bereits genannten Phil Jones, der das Climatic Research Unit (CRU) an der Universität von East Anglia leitet. Der Streit zwischen den beiden Gruppen entzündete sich daran, welche Kurve ganz vorn im UNO-Klimareport von 2001 veröffentlicht werden sollte, in der Zusammenfassung für Politiker. Für den Hockeyschläger sprach seine überzeugende Gestalt: Der einzigartige Temperaturanstieg in den vergangenen 150 Jahren schien den Einfluss des Menschen auf das Klima klar zu belegen. Briffa aber warnte vor einer Überschätzung des Hockeyschlägers. Manns Kurve solle nicht »als die korrekte« gesehen werden – auch wenn sie helfe, »eine hübsche glatte Geschichte zu erzählen«, schrieb er im September 1999 an seine Kollegen. Seine Kurve hingegen zeigte eine Warmphase im Hochmittelalter. »Ich glaube, dass die derzeitigen Temperaturen wahrscheinlich jenen von vor 1000 Jahren ähneln.« Es kam zum Streit, der jedoch bald geschlichtet wurde, als es galt, einem gemeinsamen Gegner Paroli zu bieten: Klimaskeptiker nutzten Briffas Kurve, um den Einfluss des Menschen auf das Klima abzustreiten. Ihr Argument: Wenn es im Mittelalter ohne Abgase so warm war wie heute, könne der Kohlendioxidausstoß des Menschen mit dem Anstieg der Temperaturen nichts zu tun haben. »Denen möchte ich kein Futter geben«, schrieb Mann an seine Kollegen. Er hatte Erfolg: Sein Hockeyschläger landete vorn im UNO-Klimabericht von 2001, die Kurve wurde gar zum Aushängeschild des Reports.

Um eindeutige Kurven zu erhalten, mussten die Forscher freilich ein wenig nachhelfen. In der wohl bekanntesten E-Mail des »Climategate« schrieb Phil Jones, er habe Manns »Trick« angewandt, um die »Temperaturabnahme zu verstecken«. Die Originalformulierung *to hide the decline* wurde sogar zum Refrain eines Liedes über den Skandal – und sie wurde von republikanischen Politikern in den USA weidlich zitiert, um die Klimaforschung zu diskreditieren. Doch was nach Betrug klingt, erweist sich als Notlösung: Baumringdaten zeigen seit Mitte des 20. Jahrhunderts keine Erwärmung mehr – und stehen damit im Widerspruch zu den Temperaturmessungen. Diese offensichtlich falschen Baumdaten wurden mit dem umgangssprachlichen »Trick« aus Temperaturkurven getilgt. Das Baumring-Problem ist damit freilich nicht gelöst, Paläoklimatologen versuchen zu klären, warum gemessene Temperaturen und Baumdaten auseinanderlaufen.

Der Streit spitzte sich mit den Jahren zu, wie der E-Mail-Verkehr zwischen den Forschern zeigt. Seit Ende der 1990er-Jahre baten mehrere Klimaskeptiker Jones und Mann regelmäßig um ihre Baumringdaten und Rechenmodelle. Sie konnten sich dabei auf die gesetzliche Freiheit wissenschaftlicher Daten berufen. Tatsächlich konnten die beiden zunächst fachfremden Wissenschaftler Stephen McIntyre und Ross McKitrick mit den Daten bald systematische Fehler in der Hockeyschläger-Kurve nachweisen. Für Michael Mann gehörte die Kritik zu einer »gut abgestimmten Kampagne«, wie er am 30. September 2009 in einer E-Mail resümierte. Zunehmend verweigerten er und seine Kollegen die Herausgabe von Daten an »die Gegner«, wie skeptische Forscher in den E-Mails häufig genannt wurden. Er würde Daten »lieber löschen«, als sie herauszugeben, schrieb Jones am 2. Februar 2005 in einer E-Mail. Später verteidigte Mann sich: Seine Universität habe die E-Mails untersucht und festgestellt, dass er zu keinem Zeitpunkt Daten unterdrückt habe. Ein Untersuchungsausschuss des britischen Parlaments jedoch kam zu einem etwas anderen Urteil: Der Schriftverkehr zeige eine »unverblümte Ablehnung, Daten mit anderen zu teilen«. Soziologen glauben, dass der Schaden irreparabel sein könnte: »Glaubwürdigkeitsverlust ist das zentrale Kommunikationsrisiko der Wissenschaft«, sagt der Soziologe Peter Weingart. Nur mit kompromissloser Transparenz lasse sich das Vertrauen zurückgewinnen.

Das Lagerdenken unter den Forschern wurde immer feindseliger. Sie debattierten darüber, wem vertraut werden könne, wer zum eigenen »Team« gehöre – und wer womöglich ein heimlicher Skeptiker sei. Wer zwischen die Fronten geriet, gar lagerübergreifende Kontakte pflegte, machte sich verdächtig. Das Misstrauen beförderte eine Günstlingswirtschaft, wie die E-Mails belegen: Jones und Mann verfügten demnach über erheblichen Einfluss auf Fachmagazine. Studien müssen vor der Veröffentlichung von anonymen Kollegen, den Gutachtern, geprüft werden. Mann – ein gefragter Gutachter – habe bei Magazinen als »Türsteher« beim Thema Paläoklimatologie fungiert, monierten Forscher hinter vorgehaltener Hand bereits seit Langem. Dass renommierte Wissenschaftler bei

Fachjournalen Einfluss gewinnen, ist bekannt – und riskant: »Die Gefahr, dass sich verdiente Reputation in illegitime Macht wandelt, ist das größte Risiko der Wissenschaft«, erläutert Weingart. Mann widerspricht den Beschuldigungen, übermäßigen Einfluss ausgeübt zu haben. Allein die Redakteure wählten die Gutachter aus, nicht er. In Spezialgebieten mit einer überschaubaren Expertenzahl wie der Paläoklimatologie könnten manche Wissenschaftler aber durchaus erhebliche Macht erlangen, gibt Weingart zu bedenken – einen guten Draht zu den Herausgebern der jeweiligen Zeitschriften vorausgesetzt.

Gute Beziehungen zu Fachblättern hatte das »Hockey-Team«, wie sich die Gruppe um Mann und Jones mitunter nannte, zweifellos. Untereinander sprachen sich die Kollegen bei der Begutachtung ab: »Habe zwei Studien abgelehnt von Leuten, die sagen, CRU läge falsch mit Sibirien«, schrieb CRU-Chef Jones im März 2004 an Mann. Dabei ging es offenbar um Baumdaten aus Sibirien, eine Grundlage der Klimakurven. Später sollte sich herausstellen, dass Jones' CRU-Gruppe die Sibirien-Daten wohl tatsächlich falsch gedeutet hatte. Die Autoren der von Jones abgelehnten Studie vom März 2004 lagen demnach richtig. In einem anderen Fall jedoch hatten Jones und Mann die Mehrheit der Wissenschaftler auf ihrer Seite. 2003 relativierte eine Studie im Fachmagazin *Climate Research* die derzeitige Warmphase bezüglich der mittelalterlichen Wärmeperiode vor 1000 Jahren.

Klimaskeptiker feierten die Studie. Die meisten Experten hielten die Arbeit allerdings für methodisch mangelhaft. Doch wie hatte sie dann von den Gutachtern akzeptiert werden können? »Die Skeptiker haben das Magazin gekapert«, folgerte Michael Mann in einer E-Mail am 11. März 2003. Der Einfluss der Gegner müsse gestoppt werden. Daraufhin holte das Hockey-Team zu einem Gegenschlag aus, der das Magazin *Climate Research* schwer erschüttern sollte: Mehrere Herausgeber legten ihre

Ämter nieder. Derartigen Einfluss hatten die Skeptiker nicht. Wenn sich herausstellte, dass alarmistische Klimastudien mangelhaft waren – und es gab diverse Fälle –, wurden ähnliche Konsequenzen nie bekannt. Dass jedoch selbst der Einfluss von Mann und Jones begrenzt war, zeigte sich aber 2005, als die unerbittlichen Hockeyschläger-Kritiker Ross McKitrick und Stephen McIntyre Studien im wichtigsten geowissenschaftlichen Fachblatt *Geophysical Research Letters (GRL)* unterbringen konnten. »Es scheint, als hätten die Gegner einen Zugang zu *GRL*«, schrieb Mann an seine Kollegen. »Wir können es uns nicht erlauben, *GRL* zu verlieren.« Mann entdeckte, dass ein Herausgeber einst an derselben Universität wie der gefürchtete Klimaskeptiker Patrick Michaels gearbeitet hatte – und stellte eine Verbindung her: »Ich glaube, nun wissen wir«, schrieb er am 20. Januar 2005, wie diverse Skeptikerstudien »in *GRL* publiziert werden konnten«. Sogleich wurde diskutiert, wie man den *GRL*-Herausgeber – es handelte sich um den Klimaforscher James Saiers – loswerden könnte. Tatsächlich gab Saiers ein Jahr später sein Amt auf, angeblich freiwillig. »Es scheint, das *GRL*-Leck wurde gestopft«, schrieb Mann in einer E-Mail erleichtert ans Hockey-Team.

Climategate scheint die Kritik zu bestätigen, dass das Wissenschaftssystem immer wieder Kartellen Vorschub leistet. Der Soziologe Peters warnt allerdings vor einer Überinterpretation der Affäre. Die Entstehung von Bündnissen sei in allen Wissenschaftsbereichen üblich: »Die interne Kommunikation aller Gruppen unterscheidet sich von der Fassade.« Man dürfe die Innenwelt einer Gruppe nicht mit den Maßstäben der Außenwelt messen, meint auch Weingart. Kontroversen bildeten schließlich die Basis der Wissenschaft, dabei »komme es unweigerlich zu Abschirmung und persönlichen Konflikten«. Die Lagerbildung in der Klimaforschung sei allerdings in ihrem Ausmaß außergewöhnlich. Offenbar hat die Nähe zur Politik den Lagerkampf in der Klimaforschung intensiviert, meint Weingart.

Die große öffentliche Beachtung hat es den Wissenschaftlern schwer gemacht. »Die Klimaforschung«, schrieb der renommierte Paläoklimatologe Edward Cook vom Lamont-Doherty Earth Observatory am 2. Mai 2001 in einer E-Mail, sei »dermaßen politisiert, dass es schwierig ist, Wissenschaft zu betreiben«. Die Verpflichtung, Daten für den UNO-Klimabericht zusammenzufassen, scheint das Problem zu verschärfen: »Ich habe versucht, die Balance zwischen den Bedürfnissen des UNO-Klimarats und der Wissenschaft zu halten, was nicht immer leicht war«, schrieb der Brite Keith Briffa 2007 in einer Mail. Bei dem Versuch, den Ansprüchen der Politik gerecht zu werden, habe man zu viel Wert auf Konsens gelegt, räumt inzwischen auch MPI-Forscher Martin Claußen ein.

Selbst Wissenschaftlern geht es nicht immer nur um die reine Wahrheit: Die öffentliche Debatte diene meist »nur vordergründig der Aufklärung«, erläutert Weingart. Vielmehr gehe es darum, »Konflikte durch allgemeine soziale Zustimmung zu entscheiden und abzuschließen«. Dafür sei es hilfreich, eindeutige Ergebnisse zu präsentieren. Doch in der Klimaforschung einen entscheidenden Beweis führen zu wollen erscheint aussichtslos. Der Wissenschaftsphilosoph Silvio Funtovicz hat das Dilemma bereits 1990 vorausgesehen: Die Klimaforschung gehöre zu den »postnormalen Wissenschaften«. Aufgrund ihrer Komplexität unterliege sie großen Unsicherheiten, behandle jedoch gleichzeitig ein hohes Gefahrenpotenzial. Experten sind demnach im Dilemma: Sie haben kaum eine Chance, den richtigen Rat zu geben. Bleibt die Warnung aus, wird ihnen mangelndes Pflichtbewusstsein vorgeworfen. Eine alarmistische Vorhersage wird jedoch kritisiert, sofern sich nicht wenig später entsprechende Veränderungen zeigen. Die Unsicherheiten der Forschungsergebnisse bleiben in der Klimatologie wohl auch auf längere Sicht und bei weiterem Fortschritt bestehen. Nun sei die Frage, ob Wissenschaftler und Gesellschaft damit umzugehen lernen, sagt Weingart. Vor allem Politiker müssten lernen, dass es keine einfachen Resultate gibt. »Auf Wissenschaftler, die simple Antworten versprechen, sollten Politiker nicht mehr hören.«

Auch wenn viele Fragen zum Klima noch umstritten sind, steht eines fest: Es ist wärmer geworden, auch in Mitteleuropa; ein neues Klima hat sich eingestellt. Das nächste Kapitel – in seiner umfassenden und statistischen Darstellung ein ganz besonderes – zeigt aktuelle Daten für alle Regionen aus Deutschland, der Schweiz und Österreich: Manche Vorurteile über das Wetter müssen revidiert werden.

33

Das wahre Klima

A. Deutschland

Das Klima in Deutschland hat sich in den vergangenen 100 Jahren deutlich verändert: Im Durchschnitt stieg die Temperatur um 0,9 Grad. Genauere Aussagen über Veränderungen des Wetters ließen sich bislang kaum treffen, da die Klimaberechnungen auf Daten aus den Jahren 1961 bis 1990 basieren. Doch seither hat sich meteorologisch viel verändert.

Um auch die Klimaveränderung der vergangenen 20 Jahre zu deuten, haben Meteorologen des Instituts für Wetter- und Klimakommunikation (IWK) auf meine Anfrage hin die neuesten Daten des Deutschen Wetterdienstes aus 19 deutschen Städten aufbereitet. Sie zeigen das wahre Klima. »Es ist wärmer und sonniger geworden in Deutschland«, sagt IWK-Chef Frank Böttcher. Und die Klimadatenauswertung lieferte einige Überraschungen – manche Vorurteile müssen korrigiert werden:

- Die sonnigsten Orte Deutschlands liegen nicht im Süden, sondern im Norden.
- Das schlechteste Wetter herrscht im Westen, das beste wohl in Franken.
- Beim Niederschlag gibt es einen deutlichen Unterschied zwischen West und Ost, jedoch nicht zwischen Nord und Süd. Während es im Norden und Süden an ähnlich vielen Tagen regnet, hat der Osten rund 30 Regentage im Jahr weniger als der Westen.

Vor allem die Sommer sind wärmer geworden: Am stärksten erwärmt hat sich im Vergleich zum Zeitraum 1961–1990 der August. Die Sommer sind allerdings mancherorts regnerischer als früher, doch die Unterschiede von Region zu Region sind groß. Der einzige Monat, in dem es deutschlandweit mehr Bewölkung gibt als früher, ist der Juni.

Fast ebenso stark gestiegen sind die Temperaturen im Frühling; im Vergleich zur Periode 1961 bis 1990 ist diese Jahreszeit inzwischen fast ein Grad wärmer. Dadurch blühen Pflanzen eher – und viele Allergiker leiden früher unter Beschwerden. Hauptursache für die Erwärmung im Frühjahr ist, so Böttcher, dass der Wind vermehrt aus Südwest weht. Die neue Witterung hat auch dazu geführt, dass im April deutlich weniger Regen fällt als früher. Insbesondere die Küsten sind trockener geworden, auf den Nordseeinseln ist das Frühjahr deutschlandweit am sonnigsten und trockensten. Auf Sylt fällt im April nur noch vier Fünftel so viel Regen wie früher.

»Im Herbst jedoch strömt weiterhin viel nass-kühle Atlantikluft über die Nordsee nach Deutschland«, berichtet Böttcher – zu dieser Jahreszeit ist es in ganz Deutschland kaum wärmer als früher. Besonders im Oktober regnet es zudem deutlich mehr – am meisten Regen fällt dann an den Küsten.

Mehr Sonne scheint vor allem im Winter. Im Vergleich zum Zeitraum 1961–1990 ist die kalte Jahreszeit hierzulande um zehn Prozent sonniger geworden; der Januar sogar um 20 Prozent.

Werfen wir nun einen Blick auf die einzelnen Regionen Deutschlands. »Ausgewählt wurden die Orte mit den besten Datensätzen des Deutschen Wetterdienstes«, sagt Meteorologe Böttcher. Das angeführte Klima gilt jedoch auch für die jeweilige Umgebung. Zum Beispiel können die Daten für Berlin auch für die Region herangezogen werden. Zu sehen sind Daten für alle Jahreszeiten; verglichen werden die letzten 30 Jahre mit den 30 Jahren zuvor.

Aachen, Eifel und Rheinisches Schiefergebirge:
Goldener Herbst, glänzender Regen

Im südlichen Rheinland fällt übers Jahr viel Regen; die Eifel und das Rheinische Schiefergebirge gehören zu den niederschlagsreichsten Regionen der Republik (in Aachen sind es 839,5 mm/Jahr). Die Nähe zur Nordsee macht sich auch bei den Temperaturen bemerkbar: Die Sommer sind kühler, die Winter milder als im Osten. Immerhin glänzt das Gebiet mit goldenem Herbst- und Winterwetter: Aachen hält mit 341,4 bzw. 198,6 Stunden für beide Jahreszeiten den Sonnenrekord aller 19 Vergleichsorte. Im Winter ist die Region in den vergangenen 30 Jahren um elf Prozent sonniger geworden. Der Westen ist insgesamt übers Jahr gesehen die wärmste Region Deutschlands: Milde Nordseeluft treibt die Temperaturen vor allem im Winter deutlich nach oben. Allerdings können die Regenmengen im Rheinland stark variieren: Manch regenreiche Orte liegen dicht neben trockneren Regionen – Höhenzüge wirken als Wetterscheiden, an denen sich Wolken abregnen.

Aachen

Mittelwerte 1980–2009	Jahr	Winter	Frühling	Sommer	Herbst
Temperatur (Durchschnitt)	10,4	3,4	9,8	17,5	10,7
Sonnenscheindauer (in Std.; Summe)	1610,6	198,6	475,8	594,6	341,4
Regenmenge (in mm; Summe)	839,5	205,8	195,0	234,6	204,0
Vergleich zum Zeitraum 1961–1990	**Jahr**	**Winter**	**Frühling**	**Sommer**	**Herbst**
Temperatur (Durchschnitt)	+0,7	+0,5	+0,9	+0,8	+0,3
Sonnenscheindauer (in Std.; Durchschnitt)	104 %	111 %	105 %	103 %	100 %
Regenmenge (in mm; Durchschnitt)	101 %	108 %	95 %	99 %	106 %

Berlin und Brandenburg: Hitzerekorde im Sommer, Trockenheit das ganze Jahr über

Der Großraum Berlin fällt meteorologisch vor allem durch sommerliche Hitze auf. Zusammen mit Frankfurt am Main und Freiburg im Breisgau ist Berlin mit beinahe 19 Grad Sommer-Durchschnittstemperatur die heißeste deutsche Stadt im Sommer. Im Hochsommer herrschen in der Berliner Innenstadt häufig mehr als 30 Grad im Schatten. Verantwortlich hierfür sind ausgesprochen lange Sonnenscheinperioden. Im Juli brennt die Sonne durchschnittlich siebeneinhalb Stunden am Tag; sonniger ist es nur an der Küste. Die Regenwolken, vom Atlantik kommend, erreichen die Region oft zwei Tage später als Westdeutschland. Da haben sich die Wolken oft schon abgeregnet – und in Brandenburg bleibt es sonnig. Im Winter jedoch ist die Region (Berlin mit durchschnittlich 1,4 Grad) oftmals deutlich kälter als der Rest des Landes; die große Distanz zum wärmenden Meer macht sich bemerkbar. Setzt sich die Klimaerwärmung fort, erwarten Klimaforscher negative Folgen für die Region: Brandenburg stünden demnach ausgedehnte Dürrephasen bevor. Es drohten erhebliche Einbußen für die Landwirtschaft und Waldbrände.

Berlin

Mittelwerte 1980–2009	Jahr	Winter	Frühling	Sommer	Herbst
Temperatur (Durchschnitt)	9,9	1,4	9,7	18,7	9,9
Sonnenscheindauer (in Std.; Summe)	1706,0	168,3	533,4	672,0	332,1
Regenmenge (in mm; Summe)	577,4	135,0	132,6	182,1	127,8
Vergleich zum Zeitraum 1961–1990	**Jahr**	**Winter**	**Frühling**	**Sommer**	**Herbst**
Temperatur (Durchschnitt)	+0,5	+0,7	+0,8	+0,5	+0,1
Sonnenscheindauer (in Std.; Durchschnitt)	102 %	113 %	102 %	99 %	104 %
Regenmenge (in mm; Durchschnitt)	99 %	105 %	99 %	99 %	98 %

Dresden, Leipzig und Sachsen: Heiter und wolkig, heiß und kalt

Sachsen kombiniert die Vorteile des Ostens mit den Vorteilen des Westens: überdurchschnittlich viel Sonnenschein, dabei aber ausreichend Niederschlag für die Landwirtschaft (in Dresden 662 mm/Jahr). Die Sommer fallen warm aus, die Winter jedoch eisig kalt (Dresden ist mit durchschnittlich 0,8 Grad noch kälter als Berlin). Im Südosten Deutschlands werden oftmals die tiefsten Wintertemperaturen des Landes außerhalb der Gebirge gemessen. Und bei Sonnenschein erreichen weder Dresden noch Leipzig Spitzenwerte, zu keiner Jahreszeit. Sachsen erlebte in den letzten Jahren vor allem im Frühjahr und Sommer eine deutliche Erwärmung (in Dresden plus 0,7 bzw. 0,6). Im Herbst hingegen herrscht ein ganz ähnliches Wetter wie früher – es ist vergleichsweise sonnig und trocken. Die Winter fallen inzwischen meist deutlich sonniger aus (in Dresden eine Zunahme der Sonnenscheindauer um 13 Prozent).

Dresden

Mittelwerte 1980–2009	Jahr	Winter	Frühling	Sommer	Herbst
Temperatur (Durchschnitt)	9,4	0,8	9,1	18,0	9,5
Sonnenscheindauer (in Std.; Summe)	1656,0	197,4	501,9	625,2	331,5
Regenmenge (in mm; Summe)	662,0	134,7	151,8	228,6	146,7
Vergleich zum Zeitraum 1961–1990	**Jahr**	**Winter**	**Frühling**	**Sommer**	**Herbst**
Temperatur (Durchschnitt)	+0,5	+0,6	+0,7	+0,6	+0,1
Sonnenscheindauer (in Std.; Durchschnitt)	105 %	113 %	108 %	103 %	100 %
Regenmenge (in mm; Durchschnitt)	99 %	95 %	97 %	105 %	99 %

Düsseldorf, Köln und Niederrhein:
Warmer Regen, mildes Klima

Das Rheinland ist übers Jahr gesehen die wärmste Region Deutschlands: Im Winter wärmt relativ milde Nordseeluft die Region (in Düsseldorf 3,5 Grad). Allerdings gehört die Region auch zu den sonnenärmsten des Landes – und zu den regenreichsten (in Düsseldorf nur 1542,6 Stunden/Jahr bzw. 799 mm). Allerdings können die Regenmengen im Rheinland stark variieren: Höhenzüge lassen Wolken abregnen, sie wirken als Wetterscheiden. Manche regenreiche Orte liegen deshalb dicht neben trockeneren Regionen. In den letzten Jahrzehnten wurde es im Herbst feuchter: In diesen Monaten ist am Niederrhein eine Zunahme der Niederschläge zu beobachten, berichtet Böttcher (in Düsseldorf hat die Regenmenge um elf Prozent zugenommen). Im Rheinland seien in den vergangenen Jahren vor allem das Frühjahr und die Sommermonate Juli und August wärmer geworden. In diesen Monaten hätten verstärkt Südwestwinde warme Luft ins Rheinland gebracht.

Düsseldorf (Köln)

Mittelwerte 1980–2009	Jahr	Winter	Frühling	Sommer	Herbst
Temperatur (Durchschnitt)	10,7	3,5	10,3	18,1	11,1
Sonnenscheindauer (in Std.; Summe)	1542,6	174,6	477,0	580,2	310,8
Regenmenge (in mm; Summe)	799,1	193,8	186,3	221,1	198,0
Vergleich zum Zeitraum 1961–1990	**Jahr**	**Winter**	**Frühling**	**Sommer**	**Herbst**
Temperatur (Durchschnitt)	+0,4	+0,4	+0,7	+0,6	+0,1
Sonnenscheindauer (in Std.; Durchschnitt)	103 %	109 %	104 %	101 %	102 %
Regenmenge (in mm; Durchschnitt)	103 %	103 %	101 %	102 %	111 %

**Erfurt, Magdeburg, Sachsen-Anhalt und Thüringen:
Blühende Landschaften trotz Regenarmut**

Der Osten fällt vor allem durch Trockenheit auf; er ist die regenärmste Region Deutschlands. Besonders regenarm sind Sommer und Herbst. Erfurt ist der Ort mit dem wenigsten Niederschlag im Deutschlandvergleich (nur 556,8 mm/Jahr). Regenwolken, die sich über dem Atlantik mit Feuchtigkeit vollgesogen haben, haben sich oft schon im Westen vor den Mittelgebirgen abgeregnet, ehe sie Thüringen und Sachsen-Anhalt erreichen. Bekannt für besonders große Trockenheit ist die Magdeburger Börde. Der Harz schirmt die Region von Regenwolken ab. Besonders im Sommer sind ausgedehnte Dürrephasen keine Seltenheit. Der spärliche Regen jedoch hat große Auswirkungen auf die Landwirtschaft – die Magdeburger Börde hat einen der fruchtbarsten Böden Europas. Während Erfurt (Thüringen) in den vergangenen 30 Jahren mehr Regen bekam (Zunahme um elf Prozent), haben die Niederschläge im Raum Magdeburg (Sachsen-Anhalt) besonders im Winter weiter abgenommen.

Erfurt

Mittelwerte 1980–2009	Jahr	Winter	Frühling	Sommer	Herbst
Temperatur (Durchschnitt)	8,8	0,3	8,5	17,3	9,0
Sonnenscheindauer (in Std.; Summe)	1660,6	186,9	503,4	635,7	334,8
Regenmenge (in mm; Summe)	556,8	97,8	140,7	186,9	131,1
Vergleich zum Zeitraum 1961–1990	**Jahr**	**Winter**	**Frühling**	**Sommer**	**Herbst**
Temperatur (Durchschnitt)	+0,9	+0,8	+1,1	+1,1	+0,4
Sonnenscheindauer (in Std.; Durchschnitt)	105 %	115 %	107 %	101 %	103 %
Regenmenge (in mm; Durchschnitt)	111 %	119 %	104 %	112 %	120 %

Essen, Ruhrgebiet und Münsterland: Dunkle Wolken und die Klimagrenze

Im Ruhrgebiet herrscht übers Jahr gesehen das düsterste Wetter in Deutschland außerhalb der Gebirge. Essen hält mit 1540,6 Stunden Sonne pro Jahr den Sonnenschein-Minusrekord aller Vergleichsorte. Auf der Kanareninsel Teneriffa scheint die Sonne übers Jahr sogar fast doppelt so lange. An den Hängen des Rheinischen Schiefergebirges stauen sich Regenwolken, die Westwinde nach Deutschland treiben. Bei allem Regen (in Essen 974,57 mm/Jahr) gehört das Ruhrgebiet übers Jahr gesehen aber zu den wärmsten Regionen Deutschlands: Eine milde Nordseebrise sorgt vor allem im Winter für relativ wenig Frosttage. Das Münsterland gilt als Klimagrenze in Deutschland, südlich davon beginnt kontinentaler Einfluss zu dominieren: Die Temperaturschwankungen zwischen Tag und Nacht und Sommer und Winter nehmen zu. Schon im Münsterland lässt der Einfluss der Nordsee nach, es regnet beispielsweise weniger als im Ruhrgebiet, dessen Wetter stärker vom Meer geprägt wird. Im Münsterland scheint auch häufiger die Sonne als in den nordwestlich gelegenen Gebieten.

Essen (Ruhrgebiet)

Mittelwerte 1980–2009	Jahr	Winter	Frühling	Sommer	Herbst
Temperatur (Durchschnitt)	10,1	2,9	8,8	17,4	10,5
Sonnenscheindauer (in Std.; Summe)	1540,58	176,50	477,90	587,50	307,56
Regenmenge (in mm; Summe)	974,57	248,34	215,00	264,86	246,37
Vergleich zum Zeitraum 1961–1990	**Jahr**	**Winter**	**Frühling**	**Sommer**	**Herbst**
Temperatur (Durchschnitt)	+0,5	+0,5	+/-0	+0,7	+0,2
Sonnenscheindauer (in Std.; Durchschnitt)	106 %	111 %	108 %	107 %	102 %
Regenmenge (in mm; Durchschnitt)	105 %	109 %	100 %	101 %	109 %

Frankfurt am Main, Rhein-Neckar-Raum und Oberrheingraben: Deutschlands Vorposten zum Frühling

Der Großraum Frankfurt und die Rhein-Neckar-Region zeichnen sich vor allem durch Hitze und Trockenheit im Sommer aus (in Frankfurt durchschnittlich 19 Grad bei nur 181,5 mm Regenmenge). Entlang des Oberrheingrabens, in Heidelberg, Darmstadt, Karlsruhe und Freiburg, heizen im Juli Durchschnittstemperaturen von mehr als 20 Grad ein. Durch den Klimawandel fallen Frühjahr und Sommer in der Region sogar ein Grad wärmer aus als noch vor 30 Jahren. Entlang des Oberrheingrabens beginnen die Pflanzen als Erstes zu blühen. Der Rhein-Neckar-Raum erlebt im Zuge des Klimawandels sogar eine immer frühere Frühlingsblüte. Die Winzer haben sich auf die neuen Verhältnisse bereits eingestellt (siehe auch Stuttgart und Baden-Württemberg).

Frankfurt am Main

Mittelwerte 1980–2009	Jahr	Winter	Frühling	Sommer	Herbst
Temperatur (Durchschnitt)	10,5	2,3	10,5	19,0	10,4
Sonnenscheindauer (in Std.; Summe)	1654,5	175,2	508,5	661,5	309,3
Regenmenge (in mm; Summe)	630,7	138,0	154,5	181,5	156,9
Vergleich zum Zeitraum 1961–1990	**Jahr**	**Winter**	**Frühling**	**Sommer**	**Herbst**
Temperatur (Durchschnitt)	+0,8	+0,8	+1,1	+0,9	+0,6
Sonnenscheindauer (in Std.; Durchschnitt)	104 %	114 %	105 %	104 %	102 %
Regenmenge (in mm; Durchschnitt)	96 %	100 %	94 %	92 %	100 %

Hamburg und Bremen: Alle Wetter

Besucher aus anderen Landesteilen frösteln mitunter in Hamburg und Bremen. Das liegt aber nicht an niedrigen Temperaturen – sie liegen im Bundesdurchschnitt (in Hamburg mit 9,4 Grad). Prägend für das Wetter der Region ist die frische Nordseebrise – meist ist das Rauschen der Bäume zu hören. Und der Wind sorgt für abwechslungsreiches Wetter: Im Großraum Hamburg fällt weder sonderlich viel Regen (802,5 mm/Jahr), noch scheint ausnehmend häufig die Sonne (1585,6 Stunden insgesamt) – die Region liegt bei den Klimawerten ziemlich in der Mitte. Im Sommer mildert meist eine leichte Seebrise das Klima. Die neuen Daten zeigen: Auch im Norden ist es wärmer geworden. In den vergangenen 30 Jahren sind die Winter in Bremen, Bremerhaven, Cuxhaven und Hamburg 0,8 Grad wärmer gewesen als im Vergleichszeitraum 1961–1990, berichtet das Institut für Wetter- und Klimakommunikation. Die Folge: Der Schnee bleibt weniger lange liegen – sofern es überhaupt schneit. Auch Juli und August fallen mittlerweile um ein Grad wärmer aus als noch vor einigen Jahrzehnten – im Norden mehren sich warme Sommerabende.

Hamburg

Mittelwerte 1980–2009	Jahr	Winter	Frühling	Sommer	Herbst
Temperatur (Durchschnitt)	9,4	2,0	8,7	17,0	9,7
Sonnenscheindauer (in Std.; Summe)	1585,6	154,8	506,4	615,6	308,7
Regenmenge (in mm; Summe)	802,5	188,4	166,2	243,6	204,0
Vergleich zum Zeitraum 1961–1990	**Jahr**	**Winter**	**Frühling**	**Sommer**	**Herbst**
Temperatur (Durchschnitt)	+0,8	+0,8	+1,0	+0,7	+0,3
Sonnenscheindauer (in Std.; Durchschnitt)	102 %	108 %	105 %	97 %	105 %
Regenmenge (in mm; Durchschnitt)	104 %	110 %	101 %	108 %	100 %

Hannover, Göttingen und Kassel:
Sonne und Regen in bekömmlicher Dosis
Im küstenferneren Niedersachsen scheint die Sonne zwar weniger häufig als im Bundesdurchschnitt (in Hannover 1571,7 Stunden im Jahr). Dafür regnet es aber auch weniger als in vielen anderen Teilen der Republik (lediglich 664,2 mm insgesamt). Die Region stellt keine Klimarekorde auf, weder im Positiven noch im Negativen. Bemerkenswert: Kaum irgendwo sonst fällt der Regen so gleichmäßig übers Jahr verteilt wie in Hannover. Im küstennahen Niedersachsen regnet es allerdings häufiger.

Hannover

Mittelwerte 1980–2009	Jahr	Winter	Frühling	Sommer	Herbst
Temperatur (Durchschnitt)	9,6	2,1	9,1	17,3	9,9
Sonnenscheindauer (in Std.; Summe)	1571,7	162,0	492,3	611,4	306,0
Regenmenge (in mm; Summe)	664,2	158,4	151,2	190,8	163,8
Vergleich zum Zeitraum 1961–1990	**Jahr**	**Winter**	**Frühling**	**Sommer**	**Herbst**
Temperatur (Durchschnitt)	+0,7	+0,9	+0,9	+0,7	+0,4
Sonnenscheindauer (in Std.; Durchschnitt)	105 %	116 %	106 %	101 %	104 %
Regenmenge (in mm; Durchschnitt)	101 %	107 %	95 %	97 %	112 %

Helgoland und Nordsee: Die Sonneninsel

Deutschlands einzige Hochseeinsel hält den Sonnenrekord im Deutschlandvergleich. Allerdings zeigen ältere Klimadaten, dass der äußerste Südwesten Deutschlands, zu dem Freiburg gehört, und der äußerste Nordosten mit der Insel Usedom ähnlich hohe Sonnenscheinwerte aufweisen. Helgoland besticht vor allem im Frühjahr und im Sommer mit langen Sonnenperioden (572,7 bzw. 698,1 Stunden) – ein Segeltörn auf der Nordsee zu diesen Jahreszeiten verspricht also gutes Wetter. Im Herbst jedoch wendet sich das Wetter meist: Westwinde blasen viele Regenwolken übers Meer – Helgoland liegt dann mit 254,4 mm mit an der Spitze der Niederschlagstabelle in Deutschland.

Helgoland

Mittelwerte 1980–2009	Jahr	Winter	Frühling	Sommer	Herbst
Temperatur (Durchschnitt)	9,7	3,7	7,4	16,1	11,7
Sonnenscheindauer (in Std.; Summe)	1757,3	168,9	572,7	698,1	317,7
Regenmenge (in mm; Summe)	746,2	169,8	124,8	197,4	254,4
Vergleich zum Zeitraum 1961–1990	**Jahr**	**Winter**	**Frühling**	**Sommer**	**Herbst**
Temperatur (Durchschnitt)	+0,6	+0,7	+0,9	+0,7	+0,3
Sonnenscheindauer (in Std.; Durchschnitt)	104 %	103 %	106 %	103 %	106 %
Regenmenge (in mm; Durchschnitt)	104 %	110 %	97 %	110 %	102 %

Konstanz und Freiburg: Sonne, Wärme, Regen

Der Südwesten um Freiburg und Konstanz gehört zu den sonnigsten und wärmsten Regionen des Landes – allerdings auch zu den regenreichsten. Besonders der Frühling ist dort oft verregnet, zu dieser Jahreszeit hält Konstanz den Regenrekord im Deutschlandvergleich (206,4 mm). Ebenso im Sommer, doch in dieser Jahreszeit gibt es meist nur sporadisch starke Güsse bei Sommergewittern. Mit beinahe 700 Stunden Sonne von Juni bis August hält Konstanz Platz zwei im Vergleich der 19 Orte, was die Sonnenscheindauer im Sommer anbelangt. Freiburg nimmt bei Sonnenschein und Temperatur sogar übers Jahr gesehen landesweit Spitzenpositionen ein.

Konstanz

Mittelwerte 1980–2009	Jahr	Winter	Frühling	Sommer	Herbst
Temperatur (Durchschnitt)	9,8	1,3	9,6	18,5	9,8
Sonnenscheindauer (in Std.; Summe)	1702,9	173,7	519,9	696,9	312,6
Regenmenge (in mm; Summe)	841,4	153,3	206,4	282,3	199,2
Vergleich zum Zeitraum 1961–1990	**Jahr**	**Winter**	**Frühling**	**Sommer**	**Herbst**
Temperatur (Durchschnitt)	+0,6	+0,5	+0,8	+1,0	+0,2
Sonnenscheindauer (in Std.; Durchschnitt)	104 %	113 %	107 %	103 %	98 %
Regenmenge (in mm; Durchschnitt)	99 %	96 %	102 %	96 %	106 %

München, Augsburg und Bayern:
Gewitter am blau-weißen Himmel

Bayern ist übers Jahr betrachtet sonniger als der Durchschnitt des Landes, ohne jedoch mit Spitzenwerten zu glänzen. Relativ sonnig fallen besonders die Sommer aus (in Augsburg 678,6 Stunden). Sie werden allerdings getrübt von häufigen Gewittern – oft sind sie es, die dem Großraum München/Augsburg den zweiten Platz in der Sommerregenrangliste der 19 Vergleichsorte bescheren. Eine Entwicklung zu mehr Niederschlägen ist jedoch nicht zu erkennen. Die Region erlebte in den vergangenen 30 Jahren eine deutliche Erwärmung um 0,5 Grad. Die Sommer sind sogar um 0,7 Grad wärmer geworden. Im Winter bringen Südwinde zunehmend Föhn nach Bayern. Im Januar und Februar können sich die Münchner über zehn bis 20 Prozent mehr Sonne freuen als noch von 1961 bis 1990. In den Alpen jedoch trübt es häufig ein. Die Zugspitze ist der regenreichste Ort Deutschlands. Dort fallen übers Jahr mehr als 1000 Millimeter Niederschlag – etwa doppelt so viel wie in vielen Regionen Ostdeutschlands.

Augsburg (München)

Mittelwerte 1980–2009	Jahr	Winter	Frühling	Sommer	Herbst
Temperatur (Durchschnitt)	8,5	0,0	8,4	17,2	8,5
Sonnenscheindauer (in Std.; Summe)	1719,5	204,9	510,6	678,6	325,5
Regenmenge (in mm; Summe)	764,7	129,0	185,1	279,9	171,0
Vergleich zum Zeitraum 1961–1990	**Jahr**	**Winter**	**Frühling**	**Sommer**	**Herbst**
Temperatur (Durchschnitt)	+0,5	+0,6	+0,7	+0,7	+0,2
Sonnenscheindauer (in Std.; Durchschnitt)	102 %	110 %	104 %	101 %	93 %
Regenmenge (in mm; Durchschnitt)	102 %	108 %	108 %	99 %	104 %

Nürnberg und Franken: Schönwetterland

Das Klima in Franken vereint viele Vorteile: Es ist sonnenreich und relativ warm; besonders im Sommer gehört die Gegend zu den sonnigsten in Deutschland (in Nürnberg 669,3 Stunden). Die Wärme des Tages hält sich dann oft bis spät in den Abend. Es fällt vergleichsweise wenig Regen (in Nürnberg lediglich 207 mm); selbst Sommergewitter sind oft weniger ergiebig als etwa in Bayern oder im Südwesten der Republik. Dennoch regnet es genug, um ausgiebig Landwirtschaft und Weinbau zu ermöglichen. Die Klimaveränderung hat nun auch noch die Winter in Franken deutlich sonniger gemacht, wie die Datenauswertung des Instituts für Wetter- und Klimakommunikation zeigt (in Nürnberg 192 Stunden, was eine Zunahme um zwölf Prozent bedeutet).

Nürnberg

Mittelwerte 1980–2009	Jahr	Winter	Frühling	Sommer	Herbst
Temperatur (Durchschnitt)	9,3	0,7	9,2	18,1	9,2
Sonnenscheindauer (in Std.; Summe)	1700,9	192,0	507,9	669,3	331,5
Regenmenge (in mm; Summe)	636,0	129,3	150,0	207,0	149,7
Vergleich zum Zeitraum 1961–1990	**Jahr**	**Winter**	**Frühling**	**Sommer**	**Herbst**
Temperatur (Durchschnitt)	+0,5	+0,6	+0,8	+0,6	+0,2
Sonnenscheindauer (in Std.; Durchschnitt)	100 %	112 %	100 %	100 %	96 %
Regenmenge (in mm; Durchschnitt)	99 %	95 %	95 %	99 %	107 %

Rostock und die Ostseeküste von Kiel bis Usedom:
Die Sonnenküste
Viele dürfte dieses Ergebnis überraschen: Die Ostseeküste gehört
zu den sonnenreichsten Regionen Deutschlands. Rostock liegt
mit 1737,6 Stunden Sonnenschein im Jahr nach Helgoland an
zweiter Stelle im Deutschlandvergleich. In der Region Greifs-
wald/Usedom scheint älteren Daten zufolge noch etwas häufiger die Sonne als in Rostock. Im Frühjahr und Sommer erreicht
die Ostseeküste sogar bundesweite Spitzenwerte beim Sonnenschein (572,1 bzw. 690,9 Stunden). Mehrere Ursachen machen
die Ostseeküste zur wolkenarmen Gegend: Tiefdruckgebiete
ziehen oft schnell über die Region hinweg. Die starke Brise
lässt Wolkendecken schnell wieder aufreißen. Und Regenwolken haben sich häufig schon im Westen abgeregnet. Im Winter
wirkt sich die Nähe zu skandinavischen Hochdruckgebieten
aus, die Wolken weiträumig auflösen. Doch auch im Sommer
wirkt der sogenannte Wolkenloseffekt: Aus dem kühlen Meer
verdunstet wenig Wasser. Deshalb bilden sich weniger Wolken
als anderswo. Rostock gehört mit 614 mm/Jahr auch zu den
niederschlagsärmsten Orten im Deutschlandvergleich.

Rostock

Mittelwerte 1980–2009	Jahr	Winter	Frühling	Sommer	Herbst
Temperatur (Durchschnitt)	9,2	1,9	7,9	17,0	10,0
Sonnenscheindauer (in Std.; Summe)	1737,6	151,5	572,1	690,9	324,4
Regenmenge (in mm; Summe)	614,0	131,1	128,1	202,8,6	151,8
Vergleich zum Zeitraum 1961–1990	**Jahr**	**Winter**	**Frühling**	**Sommer**	**Herbst**
Temperatur (Durchschnitt)	+0,8	+0,9	+1,0	+0,8	+0,3
Sonnenscheindauer (in Std.; Durchschnitt)	103 %	112 %	109 %	98 %	103 %
Regenmenge (in mm; Durchschnitt)	104 %	107 %	98 %	108 %	103 %

Saarbrücken, Saarland und Rheinland-Pfalz:
Sonnige Sommer im Regenland

Das Saarland und weite Teile von Rheinland-Pfalz leiden unter sogenanntem Luvstau: Westwinde treiben Regenwolken gegen die Mittelgebirge, vor denen sie sich stauen. Im Frühjahr belegt Saarbrücken bei der Regenmenge mit 200,4 Millimeter den zweiten Platz, im Winter mit 232,2 Millimeter gar den ersten. Auch übers Jahr gesehen nimmt die Region mit rund 886 Millimeter Niederschlag eine Spitzenposition ein. Für Trost sorgen außergewöhnlich sonnige Sommer und relativ milde Temperaturen das ganze Jahr über. Auch in Rheinland-Pfalz zeigen die Temperaturwerte nach oben. Frühling und Sommer sind ein halbes bis ein Grad wärmer als vor 30 Jahren. Nur die Temperaturen im Herbst gleichen noch denen vor 30 Jahren. Die Klimaveränderung wirkt sich auf den Weinanbau aus: Für manch traditionelle Rebsorten ist es inzwischen zu warm (siehe auch Stuttgart und Baden-Württemberg).

Saarbrücken

Mittelwerte 1980–2009	Jahr	Winter	Frühling	Sommer	Herbst
Temperatur (Durchschnitt)	9,5	1,6	9,2	17,4	9,6
Sonnenscheindauer (in Std.; Summe)	1690,6	180,9	505,8	677,1	327,0
Regenmenge (in mm; Summe)	885,7	232,2	200,4	219,6	233,4
Vergleich zum Zeitraum 1961–1990	**Jahr**	**Winter**	**Frühling**	**Sommer**	**Herbst**
Temperatur (Durchschnitt)	+0,6	+0,5	+0,7	+0,7	+0,2
Sonnenscheindauer (in Std.; Durchschnitt)	102 %	110 %	104 %	101 %	98 %
Regenmenge (in mm; Durchschnitt)	103 %	110 %	98 %	97 %	108 %

Schleswig und nördliches Schleswig-Holstein:
Sonne im Frühling, Regen im Herbst

Während direkt an der Küste und auf den Inseln Sonnenrekorde
aufgestellt werden, trübt sich im Landesinneren Schleswig-
Holsteins das Wetter oft ein. »Die Niederschlagsgebiete inten-
sivieren sich, wenn sie von See her auf Land treffen«, erläutert Wetterexperte Frank Böttcher. Schleswig hält mit 890,9
Millimeter im Jahr den Regenrekord aller 19 Städte. »In den
Bergen regnet es aber häufiger«, tröstet Böttcher. Gerade im
Herbst stürmt eine Regenfront nach der anderen über Schleswig-Holstein: Nirgendwo in Deutschland regnet es zu dieser
Jahreszeit mehr als zwischen Kiel und Husum. Gleichzeitig fällt
der Herbst dort mit nicht einmal 300 Sonnenstunden von September bis November besonders düster aus. Indes: Im Frühling
ist Schleswig-Holstein sonniger als die meisten anderen Regionen Deutschlands. Norddeutschland zeigt zudem einen Trend
zu trockeneren April-Monaten. Und jetzt kommt auch noch
die Klimaerwärmung hinzu: Im Frühjahr hatten sich Kiel und
Lübeck im Vergleich zum Zeitraum 1961–1990 um ein Grad
erwärmt, die Sommer sind um 0,6 Grad wärmer geworden.

Schleswig

Mittelwerte 1980–2009	Jahr	Winter	Frühling	Sommer	Herbst
Temperatur (Durchschnitt)	8,6	1,6	7,5	16,0	9,3
Sonnenscheindauer (in Std.; Summe)	1611,4	150,3	521,7	639,9	299,7
Regenmenge (in mm; Summe)	890,9	217,8	163,2	254,1	255,6
Vergleich zum Zeitraum 1961–1990	**Jahr**	**Winter**	**Frühling**	**Sommer**	**Herbst**
Temperatur (Durchschnitt)	+0,6	+0,8	+0,9	+0,6	+0,2
Sonnenscheindauer (in Std.; Durchschnitt)	101 %	101 %	105 %	97 %	104 %
Regenmenge (in mm; Durchschnitt)	96 %	102 %	92 %	102 %	92 %

Schwerin und Mecklenburg-Vorpommern (ohne Küste): Rausgehwetter mit frischer Brise

Das Landesinnere Mecklenburg-Vorpommerns ist geprägt von frischem Wind. Der sorgt für wechselhaftes Wetter. Allerdings fällt in Mecklenburg-Vorpommern deutlich weniger Regen als im Großteil Deutschlands (644,3 mm/Jahr) – die größere Distanz zur Wetterküche Atlantik, wo regenreiche Tiefdruckgebiete geboren werden, macht sich bemerkbar. Insbesondere der Herbst fällt äußerst trocken aus. Die neuen Daten zeigen, dass Herbstspaziergänge im Großraum Schwerin nun noch länger dauern dürfen als in den Jahren 1961 bis 1990 – die Region gehört im Herbst mit 156 Millimeter inzwischen zu den niederschlagsärmsten der Republik. Auch im Frühling scheint im Landesvergleich ausgesprochen häufig die Sonne.

Schwerin

Mittelwerte 1980–2009	Jahr	Winter	Frühling	Sommer	Herbst
Temperatur (Durchschnitt)	9,0	1,2	8,4	17,0	9,4
Sonnenscheindauer (in Std.; Summe)	1656,1	153,3	539,4	645,3	318,0
Regenmenge (in mm; Summe)	644,3	150,3	138,3	199,8	156,0
Vergleich zum Zeitraum 1961–1990	**Jahr**	**Winter**	**Frühling**	**Sommer**	**Herbst**
Temperatur (Durchschnitt)	+0,6	+0,8	+0,9	+0,7	+0,2
Sonnenscheindauer (in Std.; Durchschnitt)	104 %	110 %	107 %	100 %	106 %
Regenmenge (in mm; Durchschnitt)	104 %	114 %	100 %	106 %	101 %

Stuttgart und Baden-Württemberg:
Gute Zeiten für Winzer

Der Datensatz für Stuttgart erwies sich leider als unvollständig, die Sonnenscheindaten waren unbrauchbar. Ältere Datensätze vom Deutschen Wetterdienst zeigen gleichwohl, dass in der baden-württembergischen Landeshauptstadt überdurchschnittlich viel die Sonne scheint, übers Jahr gesehen und insbesondere im Sommer. Die Klimaerwärmung hat den neuen Daten zufolge vor allem die Temperaturen im Frühling und Sommer steigen lassen – um ein Grad im Vergleich zum Zeitraum 1961–1990. Die Winzer haben darauf schon reagiert: In Baden-Württemberg hat der Wechsel der Weinsorten begonnen. Wo früher Trollinger und Lemberger wuchsen, werden jetzt auch wärmeliebende Rotweinsorten wie Syrah und Cabernet angebaut. Die Zeiten für Traubenblüte, Reife und Ernte kommen inzwischen rund zwei Wochen früher. So wurde die Weinblüte an Johanni am 24. Juni – früher ein großes Fest – inzwischen von der Klimaerwärmung vorverlegt: Weil es im Winter seltener strengen Frost gibt, werden Rebstöcke widerstandsfähiger und älter. Das bedeutet: Der Wein schmeckt besser.

Stuttgart

Mittelwerte 1980–2009	Jahr	Winter	Frühling	Sommer	Herbst
Temperatur (Durchschnitt)	9,4	1,1	9,2	17,8	9,4
Sonnenscheindauer (in Std.; Summe)			keine Daten		
Regenmenge (in mm; Summe)	716,8	127,2	183,3	240,6	165,6
Vergleich zum Zeitraum 1961–1990	**Jahr**	**Winter**	**Frühling**	**Sommer**	**Herbst**
Temperatur (Durchschnitt)	+0,8	+0,8	+1,0	+1,0	+0,5
Sonnenscheindauer (in Std.; Durchschnitt)			keine Daten		
Regenmenge (in mm; Durchschnitt)	100 %	95 %	99 %	100 %	109 %

Sylt und Nordfriesische Inseln:
Sonnenrekorde bei sssteifer Brise
Die Nordseeinseln gehören zu den sonnenreichsten Regionen
Deutschlands. Besonders im Frühling und Sommer werden sie
mit schönem Wetter verwöhnt (auf Sylt 562,2 bzw. 673,8 Stunden Sonnenschein). Die Nordsee profitiert davon, dass Tiefdruckgebiete oft schnell vorbeiziehen, die Durchmischung der
Luftschichten ist groß. Deshalb gibt es seltener eine geschlos-
sene Wolkendecke – und öfters gutes Wetter. Allerdings führt
die oftmals sssteife Brise auch dazu, dass sich die Luft kälter
anfühlt, als sie eigentlich ist. Im Herbst kommt zur Frische
noch der Regen: Dann ist die Nordseeküste das niederschlags-
reichste Gebiet Deutschlands (auf Sylt 249,3 Millimeter).

List auf Sylt

Mittelwerte 1980–2009	Jahr	Winter	Frühling	Sommer	Herbst
Temperatur (Durchschnitt)	9,0	2,4	7,4	16,0	10,4
Sonnenscheindauer (in Std.; Summe)	1723,2	172,8	562,2	673,8	314,4
Regenmenge (in mm; Summe)	721,3	161,4	116,4	194,1	249,3
Vergleich zum Zeitraum 1961–1990	**Jahr**	**Winter**	**Frühling**	**Sommer**	**Herbst**
Temperatur (Durchschnitt)	+0,6	+0,9	+0,9	+0,6	+0,2
Sonnenscheindauer (in Std.; Durchschnitt)	101 %	105 %	104 %	96 %	104 %
Regenmenge (in mm; Durchschnitt)	97 %	101 %	92 %	101 %	94 %

B. Schweiz

Das Klima der Schweiz wird von den Alpen in zwei Bereiche geteilt: Nördlich des Gebirges herrscht gemäßigtes Klima, Westwinde von Atlantik und Nordsee bringen feuchtkühle Luft heran (etwa in Basel). Südlich des Gebirges dominiert mediterrane Witterung, warme Strömungen vom Mittelmeer prägen das Klima (beispielsweise in Lugano). Das Wetter zwischen Norden und Süden unterscheidet sich oft erheblich; im Jura, Mittelland und in den Voralpen herrscht oft ähnliches Wetter. Am meisten Regen fällt in den Alpen, der Innerschweiz und im Tessin – dort haben Gewitter einen großen Anteil. Aufgrund der Gebirgszüge schwanken aber die Niederschlagsmengen von Ort zu Ort erheblich. Wetterscheiden machen es geradezu sinnlos, Durchschnittstemperaturen für ganze Kantone zu betrachten: In Graubünden beispielsweise unterscheidet sich das Wetter von Chur und Davos deutlich.

Die Veränderung des Klimas in den vergangenen Jahrzehnten jedoch verlief landesweit ähnlich: Das Klima der Schweiz hat sich seit den 1980er-Jahren deutlich erwärmt, es ist im Jahresmittel gut ein Grad wärmer als im Lauf des 20. Jahrhunderts. Herbst und Sommer sind in den letzten Jahrzehnten sogar beinahe zwei Grad wärmer als früher, die Winter hingegen sind nur wenig milder geworden. Die Niederschlagsmengen haben sich kaum verändert. Die aktuellen Schweizer Daten für den Zeitraum 1961–1990 wurden vom Bundesamt für Meteorologie und Klimatologie MeteoSchweiz ermittelt, ausgewählt wurden sechs Großstädte sowie die hoch gelegenen Orte Säntis und Jungfraujoch.

Basel

	Jahr	Winter	Frühling	Sommer	Herbst
Temperatur (Durchschnitt)	9,6	1,7	9,3	17,5	9,9
Sonnenscheindauer (in Std.; Summe)	1599	192	341	617	358
Regenmenge (in mm; Summe)	778	154	199	253	172

Bern

	Jahr	Winter	Frühling	Sommer	Herbst
Temperatur (Durchschnitt)	7,9	-0,3	7,5	16,2	8,3
Sonnenscheindauer (in Std.; Summe)	1638	192	351	640	356
Regenmenge (in mm; Summe)	1028	191	262	338	238

Davos

	Jahr	Winter	Frühling	Sommer	Herbst
Temperatur (Durchschnitt)	2,8	-4,8	1,6	10,4	4,0
Sonnenscheindauer (in Std.; Summe)	1680	297	429	521	433
Regenmenge (in mm; Summe)	999	192	206	387	214

Genf

	Jahr	Winter	Frühling	Sommer	Herbst
Temperatur (Durchschnitt)	9,6	1,6	9,0	17,9	10,0
Sonnenscheindauer (in Std.; Summe)	1694	168	473	692	360
Regenmenge (in mm; Summe)	954	248	221	235	250

Lugano

	Jahr	Winter	Frühling	Sommer	Herbst
Temperatur (Durchschnitt)	11,6	3,4	10,8	19,9d	12,4
Sonnenscheindauer (in Std.; Summe)	2026	360	522	695	450
Regenmenge (in mm; Summe)	1545	210	452	470	413

Zürich (Kloten)

	Jahr	Winter	Frühling	Sommer	Herbst
Temperatur (Durchschnitt)	8,5	-0,1	8,2	16,8	8,9
Sonnenscheindauer (in Std.; Summe)	1475	135	435	579	296
Regenmenge (in mm; Summe)	1031	209	242	342	237

Säntis (2502 m)

	Jahr	Winter	Frühling	Sommer	Herbst
Temperatur (Durchschnitt)	-2,0	-7,6	-4,2	3,9	-0,2
Sonnenscheindauer (in Std.; Summe)	1675	347	414	451	463
Regenmenge (in mm; Summe)	2701	678	622	808	592

Jungfrau (3580 m)

	Jahr	Winter	Frühling	Sommer	Herbst
Temperatur (Durchschnitt)	-7,9	-13,4	-10,2	-2,0	-6,1
Sonnenscheindauer (in Std.; Summe)	1862	340	461	583	478
Regenmenge (in mm; Summe)	keine Daten				

C. Österreich

Österreich teilt sich grob in eine westliche und eine östliche Klimazone. Burgenland, Wien und Niederösterreich im Osten bekommen den Einfluss feuchter atlantischer Westwinde deutlich weniger zu spüren als Vorarlberg, Oberösterreich, Salzburg und Tirol. Im Westen des Landes regnet es übers Jahr fast doppelt so viel wie im Osten. Steiermark und Kärnten im Südosten hingegen profitieren vor allem im Sommer von trockener, warmer Mittelmeerluft. Die kältesten Temperaturen außerhalb des Gebirges werden gewöhnlich im Osten des Landes gemessen. Doch der Temperaturanstieg um rund eineinhalb Grad im Jahresdurchschnitt seit 1860 lässt Gletscher tauen, zudem wurde die Zahl der Tage mit geschlossener Schneedecke um rund zwei Wochen verringert. Im Rahmen des HISTALP-Projekts haben Forscher um Reinhard Böhm von der Zentralanstalt für Meteorologie und Geodynamik in Wien Klimadaten für Österreich neu aufbereitet und 2009 publiziert. Die aktuellen Werte für vier Großstädte repräsentieren grob Landesteile in allen vier Himmelsrichtungen Österreichs:

Innsbruck

	Jahr	Winter	Frühling	Sommer	Herbst
Temperatur (Durchschnitt)	9,4	-0,1	9,8	17,9	10
Sonnenscheindauer (in Std.; Summe)	1841	274	505	593	452
Regenmenge (in mm; Summe)	864	133	193	353	452

Wien

	Jahr	Winter	Frühling	Sommer	Herbst
Temperatur (Durchschnitt)	10,2	0,9	10,1	19,5	10,4
Sonnenscheindauer (in Std.; Summe)	1818	183	536	717	382
Regenmenge (in mm; Summe)	513	92	130	170	124

Graz

	Jahr	Winter	Frühling	Sommer	Herbst
Temperatur (Durchschnitt)	9,5	-2,3	9,8	18,6	9,9
Sonnenscheindauer (in Std.; Summe)	1844	247	515	669	413
Regenmenge (in mm; Summe)	838	93	190	377	188

Linz

	Jahr	Winter	Frühling	Sommer	Herbst
Temperatur (Durchschnitt)	9,5	0	9,7	18,4	9,8
Sonnenscheindauer (in Std.; Summe)	1593	152	481	645	314
Regenmenge (in mm; Summe)	708	158	171	238	141

Literatur

Ich habe mich bemüht, die Phänomene nach dem neuesten wissenschaftlichen Kenntnisstand zu erzählen. Die zugrunde liegenden Studien finden Sie unter den hier angegebenen Quellen.

Kapitel 1

Bosch, X.: »Great Balls of Ice«, Science 297 (2002), S. 765.

Cerveny, R., Knight, C., Knight, N.: »Strange Tales of HAIL«, Weatherwise 58 (2005), S. 28–34.

Martínez-Frías, J.: »Megacryometeors: Distribution on Earth and Current Research«, Royal Swedish Academy of Sciences 35.6 (2006), S. 314–316.

Rull, F., Delgado, A., Martínez-Frías, J.: »Micro-Raman spectroscopic study of extremely large atmospheric ice conglomerations (megacryometeors)«, Philosophical Transactions of the Royal Society A: Mathematical, Physical and Engineering Sciences 368 (2010), S. 3145.

Kapitel 2

Granin, N. G.: »The ringed Baikal«, Science First Hand 2/23 (2009), S. 26–27.

Granin N. G. et al.: »The deep water gas seeps in Lake Baikal«, 9th International Conference on Gas in Marine Sediments, Universität Bremen, 15.–19. September 2008.

Hachikubo, A. et al.: »Model of formation of double structure gas hydrates in Lake Baikal based on isotopic data«, Geophysical Research Letters 36 (2009), L18504.

Kapitel 3

Bäumer, D., Vogel, B.: »An unexpected pattern of distinct weekly periodicities in climatological variables in Germany«, Geophysical Research Letters 34 (2007), L03819.

Bennartz, R. et al.: »Pollution from China increases cloud droplet number, suppresses rain over the East China Sea«, Geophysical Research Letters 38 (2011), L09704.

Choi, Y.-S. et al.: »Long-term variation in midweek/weekend cloudiness difference during summer in Korea«, Atmospheric Environment 42 (2008), S. 6726–6732.

Georgoulias, A. K., Kourtidis, K. A.: »On the aerosol weekly cycle spatiotemporal variability over Europe«, Atmospheric Chemistry and Physics Discussions 11 (2011), S. 4611–4632.

Hendricks Franssen, H. J.: »Comment on ›An unexpected pattern of distinct weekly periodicities in climatological variables in Germany‹ by Dominique Bäumer and Bernhard Vogel«, Geophysical Research Letters 35 (2008), L05802.

Kim, K.-Y. et al.: »Weekend effect: Anthropogenic or natural?«, Geophysical Research Letters 37 (2010), L09808.

Laux, P., Kunstmann, H.: »Detection of regional weekly weather cycles across Europe«, Environmental Research Letters 3 (2008), 044005.

Li, F.: »Long-term impacts of aerosols on the vertical development of clouds and precipitation«, Nature Geoscience, 2011.

de F. Forster Piers, M., Solomon, S.: »Observations of a ›weekend effect‹ in diurnal temperature range«, PNAS 100, 20 (2003), S. 11225–11230.

Sanchez-Lorenzo, A. et al.: »Assessing large-scale weekly weather cycles: a review«, noch nicht veröffentlicht.

Sanchez-Lorenzo, A. et al.: »Winter ›weekend effect‹ in southern Europe and its connections with periodicities in atmospheric dynamics«, Geophysical Research Letters 35 (2008), L15711.

Stjern, C. W., Stohl, A., Kristjánsson, J. E.: »Have aerosols affected trends in visibility and precipitation in Europe?«, Journal of Geophysical Research 116 (2011), D02212.

Kapitel 4

Behringer W.: *Kulturgeschichte des Klimas: Von der Eiszeit bis zur globalen Erwärmung*, München 2010.

Büntgen, U. et al.: »2500 Years of European Climate Variability and Human Susceptibility«, Science, 2010.

Subt, C. et al.: »Cosmic Catastrophe in the Gulf of Carpentaria«, AGU Fall Meeting 2010.

Kapitel 5

Blechschmidt, A.-M.: »A 2-year climatology of polar low events over the Nordic Seas from satellite remote sensing«, Geophysical Research Letters 35 (2008), L09815.

Kolstad, E.: *Extreme winds in the Nordic Seas: polar lows and Arctic fronts in a changing climate*, Dissertation, Universität Bergen, Norwegen, 2007.

Zahn, M., von Storch, H.: »Decreased frequency of North Atlantic polar lows associated with future climate warming«, Nature 467 (2010), S. 309–312.

Kapitel 6

Garzoli, S. L. et al.: »Progressing towards global sustained deep ocean observations«, In: *OceanObs09: Sustained Ocean Observations and Information for Society*, 2, European Space Agency Publication, 2010.

Katsman, C. A., van Oldenborgh, G. J.: »Tracing the upper

ocean's ›missing heat‹«, Geophysical Research Letters 38 (2011), L14610.

Knox, R. S., Douglass, D. H.: »Recent energy balance of Earth«, International Journal of Geosciences 1, 3 (November 2010).

Levitus, S.: »Warming of the World Ocean«, Science 287 (2000), S. 2225–2229.

Lyman, J. et al.: »Robust warming of the global upper ocean«, Nature 465 (2010), S. 334.

Meehl, G. et al.: »Model-based evidence of deep-ocean heat uptake during surface-temperature hiatus periods«, Nature Climate Change 1 (2011), S. 360–364.

Palmer, D. et al.: »Importance of the deep ocean for estimating decadal changes in Earth's radiation balance«, Geophysical Research Letters 38 (2011).

von Schuckmann, K., Gaillard, F., Le Traon, P.-Y.: »Global hydrographic variability patterns during 2003–2008«, Journal of Geophysical Research 114 (2009), C09007.

Trenberth, K. E.: »The ocean is warming, isn't it?«, Nature 465, 304 (2010).

Trenberth, K. E., Fasullo, J. T.: »Tracking earth's energy«, Science 328 (2010), S. 316–317.

Kapitel 7

Biastoch, A. et. al.: »Causes of Interannual-Decadal Variability in the Meridional Overturning Circulation of the Midlatitude North Atlantic Ocean«, Journal of Climate 21 (2008), S. 6599–6615.

Bryden, H. et al.: »Slowing of the Atlantic meridional overturning circulation at 25° N«, Nature 438 (2005), S. 655–657.

Gyory, J. et al.: »Surface Ocean Currents: The Gulf Stream«, Cooperative Institute for Marine and Atmospheric Studies, Universität von Miami, 2000.

Josey, S. et al.: »Estimates of meridional overturning circulation variability in the North Atlantic from surface density
flux fields«, Journal of Geophysical Research 114, C9
(2009).

Kanzow, T. et al.: »Seasonal Variability of the Atlantic Meridional Overturning Circulation at 26,5° N«, Journal of
Climate 23, 21 (2010), S. 5678–5698.

Medhaug, H. R. et al.: »Mechanisms for decadal scale variability in a simulated Atlantic meridional overturning circulation«, Climate Dynamics, 2011.

Lozier, M. S. et al.: »Opposing decadal changes for the North
Atlantic meridional overturning circulation«, Nature
Geoscience 3, 10 (2010), S. 728–734

Stommel, H.: »The westward intensification of wind-driven
ocean currents«, Transactions of the American Geophysical Union 29 (1948), S. 202–206.

Willis, J. K.: »Can in situ floats and satellite altimeters detect
long-term changes in Atlantic Ocean overturning?«, Geophysical Research Letters 37 (2010), L06602.

Kapitel 8

Albertella, A. et al.: »GOCE – The Earth Field by Space Gra-
diometry«, Celestial Mechanics and Dynamical Astronomy
83 (2002), S. 1–15.

Boening, C. et al.: »A record-high ocean bottom pressure
in the South Pacific observed by GRACE«, Geophysical
Research Letters 38 (2011), L04602.

Drinkwater, M. et al.: »GOCE: Obtaining a Portrait of
Earth's Most Intimate Features«, ESA Bulletin 133 (2008),
S. 4–13.

Fehringer, M. et al.: »A Jewel in ESA's Crown – GOCE and its
Gravity Measurement Systems«, ESA Bulletin 133 (2008),
S. 14–23.

Johannessen, J. et al.: »The European Gravity Field and
Steady-State Ocean Circulation Explorer Satellite Mission:
Impact in Geophysics«, Surveys in Geophysics 24, 4 (2003),
S. 339–386.

Kapitel 9

Johnson, D.: *Fata Morgana der Meere*, München 1999.
Stommel, H.: *Lost Islands: The Story of Islands That Have
Vanished from Nautical Charts*, University of British
Columbia Press, 1984.

Kapitel 10

Bryan, S. E.: »Preliminary Report: Field Investigation of
Home Reef volcano and Unnamed Seamount 0403-091«,
Unpublished Report for the Ministry of Lands, Survey
Natural Resources and Environment, Tonga 2007, S. 9.
Bulletin of Global Volcanism Network 31, 9 (2006).
Friðriksson, S., Magnússon, B.: »Colonization of the Land«,
The Surtsey Research Society, www.surtsey.is/pp_ens/
biola_1.htm.
Thornton, I., New, T.: *Island Colonization: The Origin and
Development of Island Communities*, Cambridge University
Press, 2007, S. 178.
Vaughan, R. et al.: »Satellite observations of new volcanic
island in Tonga«, Eos 88, 4 (2007).
www.ulb.ac.be/sciences/cvl/homereef/homereef.html

Kapitel 11

Krüger, O., Graßl, H.: »Southern Ocean phytoplankton
increases cloud albedo and reduces precipitation«, Geophysical Research Letters 38 (2011), L08809.
Lana, A. et al.: »An updated climatology of surface
dimethylsulfide concentrations and emission fluxes in

the global ocean«, Global Biogeochemical Cycles 25 (2011),
GB1004.

Woodhouse, M. et al.: »Low sensitivity of cloud conden-
sation«, Atmospheric Chemistry and Physics 10 (2010),
S. 3717–3754.

Kapitel 12

Ben-Ami, Y.: »Transport of Saharan dust from the Bodélé
Depression to the Amazon Basin: a case study«, Atmo-
spheric Chemistry and Physics Discussion 10 (2010),
S. 4345–4372.

Bristow, C. S., Hudson-Edwards, K. A., Chappell, A.: »Ferti-
lizing the Amazon and equatorial Atlantic with West African dust«, Geophysical Research Letters 37 (2010), L14807.

Bristow, C. S., Drake, N., Armitage, A.: »Deflation in the
dustiest place on Earth: The Bodélé Depression, Chad«,
Geomorphology 105, 1–2 (1. April 2009), S. 50–58.

Gorbushina, A.: »Life in Darwin's dust: intercontinental
transport and survival of microbes in the nineteenth
century«, Environmental Microbiology 9, 12 (2007),
S. 2911–2922.

Washington, R., Todd, M. C.: »Atmospheric controls on
mineral dust emission from the Bodélé Depression, Chad.
The role of the low level jet«, Geophysical Research Letters
32 (2005), L17701.

Kapitel 13

de Boer, J. Z. et al.: »New Evidence for the Geological Ori-
gins of the Ancient Delphic Oracle«, Geology 29.8 (2001),
S. 707–711.

de Boer, J. Z. et al.: »The Delphic Oracle: A Multidisciplinary
Defense of the Gaseous Vent Theory«, Clinical Toxicology
40.2 (2000), S. 189–196.

Etiope, G. et al.: »The geological links of the ancient Delphic Oracle (Greece): a reappraisal of natural gas occurrence and origin«, Geology 34 (2006), S. 821–824.

Piccardi, L.: »Active faulting at Delphi: seismotectonic remarks and a hypothesis for the geological environment of a myth«, Geology 28 (2000), S. 651–654.

Kapitel 14

»The Atlantis Hypothesis, Searching for a lost land«, Milos Conference 2005, Griechenland.

Platons Werke, Übersetzung und Kommentar, Band VIII 4: *Kritias*. Übersetzung und Kommentar von Heinz-Günther Nesselrath, Göttingen 2006.

Landerson, J., Schall, S.: »Schae planet«, Historic Meetings (1982).

Kapitel 15

Kletetschka, G. et al.: »Rock Levitation by Water and Ice; an Explanation for Trails in Racetrack Playa, California«, American Geophysical Union, Fall Meeting 2010, abstract EP21A-0743.

Lorenz, R., Jackson, B., Hayes, A.: »Racetrack and Bonnie Claire: Southwestern US Playa Lakes as Analogs for Ontario Lacus, Titan«, Planetary and Space Science 58 (2010), S. 723–731.

Lorenz, R. et al.: »Ice rafts not sails: Floating the rocks at Racetrack Playa«, American Journal of Physics 79, 1 (2011), S. 37–42.

Messina, P.: »Case Study: Using GIS and GPS to map the Sliding Rocks of Racetrack Playa«, In: Clarke, K. C.: *Getting Started with Geographic Information Systems, Fourth Edition*, Prentice Hall 2002.

Messina, P., Stoffer, P., Clarke, K. C.: »Mapping Death Valley's Wandering Rocks«, GPS World (1997), S. 34–44.

Reid, J. B. et al.: »Sliding rocks at the Racetrack, Death
   Valley: What makes them move?«, Geology 23, 9 (1995),
   S. 819–822.
Sharp, R. P. et al.: »Sliding rocks at the Racetrack, Death
   Valley: What makes them move? Discussion and Reply«,
   Geology 25, S. 766–767.
Sharp, R. P., Carey, D. L.: »Sliding stones, Racetrack Playa,
   California«, Bulletin of the Geological Society of America
   87, 12 (1976), S. 1704–1717.
Shelton, J. S.: »Can Wind Move Rocks on Racetrack Playa?«,
   The American Association for the Advancement of Science,
   117 (1953), S. 438–439.
Stanley, G. M.: »Origin of playa stone tracks, Racetrack
   Playa, Inyo County, California«, Bulletin of the Geological
   Society of America 66, 11 (1955), S. 1329–1350.

Kapitel 16
Hill, D. P.: »What is that Mysterious Booming Sound?«,
   Seismological Research Letters 82 (2011), S. 619–622.
Hill, D. P. et al.: »Earthquake sounds generated by body-wave
   ground motion«, Bulletin of the Seismological Society of
   America 66 (1976), S. 1159–1172.
Kitov, I. O. et al.: »An analysis of seismic and acoustic signals
   measured from a series of atmospheric and near-surface
   explosions«, Bulletin of the Seismological Society of Ame-
   rica 87 (1997), S. 1553–1562.
St-Laurent, F.: »The Saguenay, Québec, earthquake lights of
   November 1988–January 1989«, Seismological Research
   Letters 71 (2000), S. 160–174.
Stiermann, D. J.: »Earthquake sounds and animal cues; some
   field observations«, Bulletin of the Seismological Society of
   America (1980), S. 639–643.
Tosi, P. et al.: »Spatial patterns of earthquake sounds and

seismic source geometry«, Geophysical Research Letters (2000), S. 2749–2752.

Tsukuda, T.: »Sizes and some features of luminous sources associated with the 1995 Hyogo ken Nanbu earthquake«, Journal of Physics of the Earth (1997), S. 73–82.

Wheeler, R. et al.: »Earthquake Booms, Seneca Guns, and Other Sounds«, USGS 2011.

Wurham, G.: »High-Quality Seismic Observations of Sonic Booms«, AGU Fall Meeting 2011.

Kapitel 17

Fortey, R.: *Trilobite. Eyewitness to Evolution*, London 2001.

Gould, S. J.: *Wonderful Life. Burgess Shale and the Nature of History*, London 1990.

Gould, S. J., Morris, S. C.: »Debating the significance of the Burgess Shale: Simon Conway Morris and Stephen Jay Gould. Showdown on the Burgess Shale«, Natural History Magazine 107, 10, S. 48–55.

Morris, S. C.: *The Crucible of Creation. The Burgess Shale and the Rise of Animals*, Oxford University Press, Oxford 1998.

Kapitel 18

Behm, M.: »Application of stacking and inversion techniques to three-dimensional wide-angle reflection and refraction seismic data of the Eastern Alps«, Geophysical Journal International 170, 1 (2007), S. 275–298.

Castellarin, A. et al.: »The TRANSALP seismic profile and the CROP 1A sub-project Il profilo sismico TRANSALP e il sottoprogetto CROP 1A«, Mem. Descr. Carta Geol. d'It., LXII (2003), S. 107–126.

Franke, W. et al.: »Orogenic processes: quantification and modelling in the Variscan belt«, Geological Society, London, Special Publications 2000, 179, S. 1–3.

Kapitel 19

McCarthy, D.: »Geophysical explanation for the disparity in spreading rates between the Northern and Southern hemispheres«, Journal of Geophysical Research 112 (2007), B03410.

Kapitel 20

Bak, P.: *How Nature Works: The Science of Self-organised Criticality*, Oxford University Press, Oxford 1997.

Bilham R.: »Why we cannot predict earthquakes«, Nature 463 (2010), S. 735.

Evans, R.: »Assessment of schemes for earthquake prediction: editor's introduction«, Geophysical Journal International 131 (1997), S. 413–420.

Geller, R. J.: »Shake-up time for Japanese seismology«, Nature 472 (2011), S. 407–409.

Geller, R. J.: »Earthquake prediction: a critical review«, Geophysical Journal International 131 (1997), S. 425–450.

Jordan, T. H.: »Is the study of earthquakes a basic science?«, Seismological Research Letters 68 (1997), S. 259–261.

Sneider, R., van Eck, T.: »Earthquake prediction: a political problem?«, Geologische Rundschau 86 (1997), S. 446–463.

Kapitel 21

Wang, K. et al.: »Predicting the 1975 Haicheng Earthquake«, Bulletin of the Seismological Society of America 96 (Juni 2006), S. 757–795.

Kapitel 22

Grünthal, G., Wahlström, R., Stromeyer, D.: »The unified catalogue of earthquakes in central, northern, and northwestern Europe (CENEC) – updated and expanded to the last millennium«, Journal of Seismology 13, 4 (2009), S. 517–541.

Tyagunov, S. et al.: »Seismic risk mapping for Germany«, Natural Hazards and Earth System Sciences (NHESS) 6, 4 (2006), S. 573–586.

Kapitel 23

Cappa, F., Rutqvist, J.: »Impact of CO_2 geological sequestration on the nucleation of earthquakes«, Geophysical Research Letters 38 (2011), L17313.

Klose, C.: »Evidence for Surface Loading as Trigger Mechanism of the 2008 Wenchuan Earthquake«, Environmental Earth Sciences 2011.

Klose, C.: »Human-triggered Earthquakes and Their Impacts on Human Security«, In: Liotta, P. H. et al. (Hrsg.), NATO Science for Peace and Security Series – E: Human and Societal Dynamics 69 (2010), S. 13–19.

Klose, C.: »Geomechanical modeling of the nucleation process of Australia's 1989 M5.6 Newcastle earthquake«, Earth and Planetary Science Letters 256, 3–4 (30. April 2007), S. 547–553.

Klose, C.: »Mine Water Discharge and Flooding: A Cause of Severe Earthquakes«, Mine Water and the Environment 26, 3 (2007), S. 172–180.

Seeber, N.: »Mechanical Pollution«, Seismological Research Letters 73, 3 (Mai/Juni 2002), S. 315–317.

Kapitel 24

Genevois, R., Ghirotti, M.: »The 1963 Vaiont Landslide«, Giornale di Geologia Applicata 1 (2005), S. 41–52.

Paolini, M., Vacis, G.: *Der fliegende See. Chronik einer angekündigten Katastrophe*, München 1998.

Veveakis, E., Vardoulakis, I., di Toro, G.: »Thermoporomechanics of creeping landslides: The 1963 Vaiont slide, northern Italy«, Journal of Geophysical Research 112 (2007), F03026.

Kapitel 25

Arp, G. et al.: »New evidence for impact-induced hydrothermal activity in the miocene ries impact crater, germany«, Fragile Earth: Geological Processes from Global to Local Scales and Associated Hazards, München, September 2011.

Buchner, E. et al.: »Establishing a 14.6 ± 0.2 Ma age for the Nördlinger Ries impact (Germany) – A prime example for concordant isotopic ages from various dating materials«, Meteoritics & Planetary Science 45, 4 (2010), S. 662–674.

Sturm, S. et al.: »Distribution of megablocks in the Ries crater, Germany: Remote sensing and field analysis«, EGU General Assembly 2010, 2.–7. Mai 2010 in Wien, Österreich, S. 5212.

Willmes, M. et al.: »Detection of Subsurface Megablocks in the Ries Crater, Germany: Results from a Field Campaign and Remote Sensing Analysis«, 25.–27. Juni 2010 in Nördlingen, LPI Contribution 1559, S. 41.

Wünnemann, K., Artemieva, N. A., Collins, G. S.: »Modeling the Ries Impact: The Role of Water and Porosity for Crater Formation and Ejecta Deposition«, 25.–27. Juni 2010 in Nördlingen, LPI Contribution 1559, S. 42.

Kapitel 26

Baales, M.: »Impact of the Late Glacial Eruption of the Laacher See Volcano, Central Rhineland, Germany«, Quaterny Research 58 (2002), S. 273–288.

Schmincke, H.-U.: *Vulkane der Eifel*, Heidelberg 2009.

Kapitel 27

Elders, W. A. et al.: »The Iceland Deep Drilling Project (IDDP): (I) Drilling at Krafla encountered Rhyolitic Magma«, American Geophysical Union, Fall Meeting 2009, abstract OS13A-1166.

de Natale, G.: »The Campi Flegrei Deep Drilling Project«,
Scientific Drilling 4 (März 2007).

de Natale, G.: »The Campi Flegrei caldera: unrest mechanisms and hazards«, Geological Society, London, Special
Publications 2006, 269, S. 25–45.

Stolper, E.: »Deep Drilling into a Mantle Plume Volcano: The
Hawaii Scientific Drilling Project«, Scientific Drilling 7
(März 2009).

Troise, C.: »A New Uplift Episode at Campi Flegrei Caldera
(Southern Italy): Implications for Unrest Interpretation
and Eruption Hazard Evaluation«, Developments in Volca-
nology 10 (2008), S. 375–392.

Kapitel 28

Ambrose, S. H.: »Late Pleistocene human population bottle-
necks, volcanic winter, and differentiation of modern
humans«, Journal of Human Evolution 34, 6 (Juni 1998),
S. 623–51.

Oppenheimer, C.: »Limited global change due to the largest
known Quaternary eruption, Toba ≈ 74 kyr BP?«, Quaternary Science Reviews 21, 14–15 (August 2002), S. 1593–1609.

Petraglia, M.: »Middle Paleolithic Assemblages from the
Indian Subcontinent Before and After the Toba Super-
Eruption«, Science 317, 5834 (6. Juli 2007), S. 114–116.

Robock, A. et al.: »Did the Toba volcanic eruption of 74 ka B. P.
produce widespread glaciation?«, Journal of Geophysical
Research 114 (2009), D10107.

Timmreck, C.: »Climate response to the Toba super-eruption:
Regional changes«, Quaternary International, 2011.

Timmreck, C. et al.: »Limited climate impact of the Young
Toba Tuff eruption«, American Geophysical Union, Fall
Meeting 2010, abstract V24A-03.

Kapitel 29

Ayalew, D.: »The relations between felsic and mafic volcanic rocks in continental flood basalts of Ethiopia: implication for the thermal weakening of the crust«, Geological Society, London, Special Publications 2011, 357, S. 1–8.

Bastow, I., Keir, D.: » The protracted development of the continent–ocean transition in Afar«, Nature Geoscience 4 (2011), S. 248–250.

Belachew, M. et al.: »Comparison of dike intrusions in an incipient seafloor-spreading segment in Afar, Ethiopia Seismicity perspectives«, Journal of Geophysical Research 116 (2011), B06405.

Beutel, E. et al.: »Formation and stability of magmatic segments in the Main Ethiopian and Afar rifts«, Earth and Planetary Science Letters 293, 3–4 (1. Mai 2010), S. 225–235.

Coté, D. et al.: »Low-Frequency Hybrid Earthquakes near a Magma Chamber in Afar: Quantifying Path Effects«, Bulletin of the Seismological Society of America 100, 5A (Oktober 2010), S. 1892–1903.

Ebinger, C.: »Tracking the movement of magma through the crust in the East African rift«, 77th Annual Meeting of the Southeastern Section of the AP 55, 10 (2010).

Ebinger C. et al.: »Length and Timescales of Rift Faulting and Magma Intrusion: The Afar Rifting Cycle from 2005 to Present«, Annual Review of Earth and Planetary Sciences 38, S. 439–466.

Field, L. et al.: »Magma storage depths beneath an active rift volcano in Afar (Dabbahu), constrained by melt inclusion analyses, seismicity and Interferometric Synthetic Aperture Radar (INSAR)«, American Geophysical Union, Fall Meeting 2010, abstract T31B-2155.

Hamling, I. et al.: »Stress transfer between thirteen successive dyke intrusions in Ethiopia«, Nature Geoscience 3 (2010), S. 713–717.

Hussein, H.: »Seismological Aspects of the Abou Dabbab Region, Eastern Desert, Egypt«, Seismological Research Letters 82, 1 (Januar/Februar 2011), S. 81–88.

Keir, D.: »Mapping the evolving strain field during continental breakup from crustal anisotropy in the Afar Depression«, Nature Communications 2, 285 (2011).

Yang, Z., Chen, W.-P.: »Earthquakes along the East African Rift System: A multiscale, system-wide perspective«, Journal of Geophysical Research 115 (2010).

Kapitel 30

Ben-Avraham, Z., »Geology and Evolution of the Southern Dead Sea Fault with Emphasis on Subsurface Structure«, Annual Review of Earth and Planetary Sciences 36 (2008), S. 357–387.

Nur, A.: *Apocalypse: earthquakes, archaeology, and the wrath of God*, Princeton University Press, 2008.

Kapitel 31

Gielisch, H.: »Detecting concealed coal fires«, Geological Society of America, 2007.

Grasby, S.: »Catastrophic dispersion of coal fly ash into oceans during the latest Permian extinction«, Nature Geoscience 4 (2011), S. 104–107.

Terschure, A.: »Emissions by Uncontrolled Coal Fires«, American Geophysical Union, Fall Meeting 2010, abstract A43D-0274.

Kapitel 32

Kueter, J.: »Reply to Union of Concerned Scientists, Smoke, Mirrors, and Hot Air«, George C. Marshall Institute, 2007.

Peters, H. P., Heinrichs, H.: »Öffentliche Kommunikation über Klimawandel und Sturmflutrisiken. Bedeutungs-konstruktion durch Experten, Journalisten und Bürger«, Forschungszentrum Jülich, 2005.

Union of Concerned Scientists report, »Smoke, Mirrors & Hot Air: How ExxonMobil Uses Big Tobacco's Tactics to ›Manufacture Uncertainty‹ on Climate Change«, 2011.

Weingart, P., Engels, A., Pansegrau, P.: *Von der Hypothese zur Katastrophe: Der anthropogene Klimawandel im Diskurs zwischen Wissenschaft, Politik und Massenmedien*, Opladen 2007.

Kapitel 33

Reinhard Böhm, Zentralanstalt für Meteorologie und Geo-dynamik, Wien

Deutscher Wetterdienst

Institut für Wetter- und Klimakommunikation GmbH

Meteoschweiz

Peter Wolf, Deutscher Wetterdienst, Regionales Klimabüro Essen

Dank

Dieses Buch ist im Besonderen für meine Familie:
Alessio, Burkhardt, Dietmar, Ilse, Jochen, Maike, Mama,
Misia, Papa, Sasha, Siegfried, Ulli

Ich danke sehr herzlich für die Hilfe und Unterstützung
bei diesem Buch:
Angelika Mette, Antje Wallasch, Julia Hoffmann,
Juliane Müller, Rüdiger Ditz, Stefan Mayr